新丰江水库纪事

河源市政协文史资料编辑委员会 编

华南理工大学出版社
SOUTH CHINA UNIVERSITY OF TECHNOLOGY PRESS

·广州·

图书在版编目（CIP）数据

新丰江水库纪事/河源市政协文史资料编辑委员会编．—广州：华南理工大学出版社，2020.5

ISBN 978-7-5623-6335-4

Ⅰ.①新… Ⅱ.①河… Ⅲ.①水库–水利建设–概况–河源市 ②水库工程–移民安置–概况–河源市 Ⅳ.① TV632.653 ② D632.4

中国版本图书馆CIP数据核字（2020）第070989号

Xinfengjiang Shuiku Jishi

新丰江水库纪事
河源市政协文史资料编辑委员会　　编

出 版 人：卢家明
出版发行：华南理工大学出版社
　　　　　（广州五山华南理工大学17号楼，邮编510640）
　　　　　http://www.scutpress.com.cn　E-mail:scutc13@scut.edu.cn
　　　　　营销部电话：020-87113487　87111048（传真）
责任编辑：黄冰莹
印 刷 者：广州市浩诚印刷有限公司
开　　本：787mm×960mm　1/16　印张：17.5　字数：212千
版　　次：2020年5月第1版　2020年5月第1次印刷
定　　价：79.00元

编 委 会

序

新丰江是东江水系最大的支流，全长163千米，因发源于韶关市新丰县而得名。1958年，国家计委立项建造新丰江水库，列入国家重点建设项目。1958年7月15日新丰江水库正式破土动工，1959年10月20日下闸蓄水，仅用了455天就建成了全国闻名的华南地区最大的水库，形成了水域面积达370平方千米、蓄水量达139亿立方米的人工湖。

光阴流逝，沧海桑田。抚今追昔，感慨万千。为早日建成新丰江水库，造福人民，工程建设者们在极其艰难的条件下，无私忘我，艰苦奋斗，锐意进取，用对党和人民的无限忠诚，书写出一曲壮丽的治水篇章；新丰江畔的10.6万移民，为了祖国的建设，献出了自己可爱的家园，作出了巨大的牺牲和无私的奉献。当我们回首新丰江水库的建设历程和广大移民所走过的迁徙足迹，犹如连续剧中的大场景：轰轰烈烈，浩浩荡荡。整个迁徙过程充满着艰辛，饱含着泪水。重现这样的场景，也许会让这期间亲身参与的建设者和广大移民的心灵得到些许的安抚和慰藉。

新丰江水库的建设，不管是过去、现在还是将来，都是一项事关国计民生的浩大工程，是有益于千秋万代的生态环保工程，是东江流域和珠三角地区人民乃至香港同胞生息繁衍和发展繁荣的造福工程。河源市370万客家儿女，尤其是新丰江流域10.6万移民为之作出了艰苦卓绝的重大贡献。31年前，河源撤县建市，在经济总量和本级财政收入20年都位列全省倒数第一的艰难岁月里，河源人民拒绝了数十个投资总量均超500亿元的有污染的工程项目，才有了今天新丰江这湖绿水。时任国务院副总理邹家华盛赞，这是河源人民铸就的一座不朽的丰碑。为此，河源人民感到无比的骄傲与自豪。

《新丰江水库纪事》一书，记述了1958年新丰江水库建设以来的发展历程，记载了各级党委和政府在建设水库和实施水库移民工作过程中的经验和教训，真实地描述了新丰江水库10.6万移民大迁徙的主要足迹和广大移民舍小家顾大家的无私奉献精神，也真实地反映了广大建设者和广大移民为社会主义建设艰苦奋斗和自我牺牲的高贵品质。它将为我们今后的移民工作和发展社会经济提供更多的借鉴。这就是我们编写本书的初衷。

山清水秀、碧绿汪洋的新丰江水库养育了无数勤耕苦读的客家儿女，她们从这里带着纯朴的尊师重教、知书识礼、勤劳俭朴、忠厚本分、不求索取、注重贡献的传统美德走向五湖四海，扎根于异乡，修身齐家，经世济民，生生不息。《新丰江水库纪事》让更多的人了解处于特定历史时期移民工作的艰辛和10.6万移民苦迁徙、困安置、难生根的发展历程，从而更加珍惜今天来之不易的生活，更加注重和加快移民家园的建设。

牢记历史，珍惜成果。让我们发扬前人艰苦创业和勇于牺牲的精神，坚持科学发展，创新驱动，推动河源经济文化和生态文明的发展，为实现移民群众和全市人民的共同富裕、创造美好新生活而努力奋斗。

谨为序。

河源市政协主席　　张丽萍

2020年5月

目 录

第一章 新丰江溯源

　　树有根，水有源。新丰江的源头始于韶关市新丰县云髻山麓的玉田点兵处，它汇集了大席、连平、忠信、船塘、灯塔等11条一级支流，集水面积近6万平方千米，聚集人口逾百万。早在新石器时代，就有土著先民开发此地，繁衍生息。随着中原人口的南迁，土著文化与中原文化的碰撞与交融，最终土著文化完全融入中原客家文化，他们共同开发新丰江流域，共同创建了新丰江文明。

人杰地灵的新丰江流域

新丰江全长163千米，发源于韶关市新丰县云髻山麓的玉田点兵处，故取名为"新丰江"。

新丰江的源头云髻山麓，占地面积27平方千米，主峰海拔1438.8米，远观山顶

新丰江的源头云髻山（图片来源于百度网）

像阿婆头上的发髻而得名，故又名阿婆髻。民间流传着"阿婆髻，离天三尺四，人过要低头，马过要离鞍，有人上得去，不当皇帝当神仙"的歌谣。该山脉地处韶关市新丰县的中部，距新丰县城仅10千米之遥。该山超过海拔千米的山峰有10余座，山体高

大，常有稀云薄雾缭绕，林海莽莽，涵养着丰富的水资源，与其他水源一起构成了新丰江，成为东江水系的最大支流。也是一处极具传奇色彩的源头流域，江水由西北向东南流淌，在河源市区与东江交汇。河源人把流量较大的东江称为"大江"，把流量较小的新丰江称为"小江"。新丰江河道平均坡降1.29‰，集水面积5980平方千米，多年平均径流量约60.55亿立方米。其流域含新丰、连平、和平、东

新丰江水源头（图片来源于百度网）

源4县的大部或部分地区。有集水面积100平方千米以上的一级支流11条，其中大于1000平方千米的支流有三条，如大席水、连平河、船塘河，船塘河最大，集水面积近2015平方千米。新丰江流域年降雨约80%集中在汛期，是东江中下游洪水的主要来源之一。

相传，宋元时期，这里方圆数百里荒无人烟。朱元璋年轻时，因穷困潦倒，曾在皇觉寺出家为僧，后任住持。他十分仰慕禅宗六祖慧能的才华，曾到连平陂头燕岩寺参拜。他到了这里，才知道禅宗六祖得法衣后，为防人谋害，隐姓埋名，流落民间，躲进燕岩寺修炼佛法，之后才由广州印宗法师剃度出家，正式公开弘

法活动。

禅宗六祖这种"以忍为进"的做法给了朱元璋很大的启发。在回程时，他路过新丰县的云髻山一带，发现在云髻山的环抱处，一泓清水从深山的沟壑处涌出，跌入深潭，发出"哗哗"的响声。朱元璋顺着溪流绕过的山谷，进入百米左右，一个方圆数里的盆地突显在他的眼前，回望入口处，刚刚绕过的峡谷全被两边的林木所遮盖，似乎没有了出口，真所谓是别有洞天。他环视一周，四面高山环绕，正北方有一块三四亩地宽、高两米的平台，平台的左侧和右侧各有3个深山窝，山水就是从左右6个山窝中流出，汇合成溪流，挤出峡谷，成为新丰江的源头之水。站在这块平台上，可俯视下面大草坪的每一个角落。朱元璋心想，这不正是一处天然的练武之地、一处天然的阅兵之所吗？眼前的景象，就像一块宝玉深藏在朱元璋的心田。

公元1352年，朱元璋投奔郭子兴，在濠州起义，他高举义旗，起兵伐元，拥韩林儿为汉帝，恢复国号"宋"，被汉帝封为大元帅。在攻占金陵和徽州后，朱元璋立足金陵，改金陵为应天府，并在此实施"高筑墙、广积粮、缓称王"的战略。在与陈友谅争天下时，他想到了禅宗六祖"以忍为进"的谋略。于是，他派人潜入新丰江畔，暗中招兵买马，藏进云髻山的玉田之地，建立玉田囤兵处，并启用亲信在此训练精兵。

新丰江的源头之水，滋养着朱元璋在此隐藏的数万精兵。而朱元璋却领着原来的兵马，在应天一带与陈友谅周旋，且还故意呈败象来迷惑他，使之认为朱元璋就那么多兵力。陈友谅果然上当，便亲自率军寻找决战时机，决心一举拿下朱元璋。朱元璋也认为战机已成熟，决定启用深藏在新丰屯积的精兵，并亲自来玉田点兵，挥师北上，最终在武汉打败了陈友谅部。之后，他横扫中原，直逼大都，建立了明朝。这就是"玉田点兵"之名的来由。而这支先锋部队的官兵，多数来自于新丰江流域的三洞、三角、三溪一带，他们敢打敢拼，忠诚信义，为朱元璋建立明朝立下了赫赫战功。朱元璋建立明朝后，特地在这支先锋部队官兵的家乡建立屯兵处，并拨款建立市圩作为安置官兵家属的场所，赐名为"忠信圩"。这就是"忠信"之名的来由。

新丰江流域涉及上述4个县、11个圩镇、389个村庄，涉及土地面积近6000平方千米，居住的人口近百万，单新丰江水库的移民就有10.6万人，可谓是天宽地阔，人杰地灵。

早在新石器时代，新丰江流域就有人类在此生活劳作、繁衍生息。一代代土著先民正是沿着新丰江这条黄金水道，拓荒开业，定居生活，这些人就是古称"南蛮"的土著人。在5000年的文明发展史上，新丰江流域的先民们留下了众多弥足珍贵的文化遗存。

据河源市文物史料记载，在新丰江汇集的连平河流域的高栋山上，发现了一处古遗址。经国家考古专家考证，此遗址为新石器时代古人类在此烧制陶器的窑址。该窑址的遗存为广东新石器时代典型的横穴式陶窑，出土的陶器有釜、圈足罐、支座等，其烧制的陶器质地多以夹砂陶为主，次为泥质陶，陶胎色有黑、灰、褐、橙四色，有10余种条纹。这些陶器就是通过新丰江这条黄金水道，源源不断地销往外地。考古专家称，此窑址的文化内涵，完全可以显示其在岭南先秦考古编年体系中处于新石器时代偏早阶段，相当于曲江石峡遗址第二期文化，对研究广东先秦考古学、岭南地区文明形态、制陶手工业和南北文化交流传播的情况，提供了弥足珍贵的材料。同时也反映了新丰江流域虽处华夏边陲的岭南地区，但同样具有源远流长、博大精深的中华文明。此外，在该流域的隆街朝山上，也有一个上万平方米的古遗址，采集有大量的泥质硬灰陶片及硬陶盅一件，经国家文物专家鉴定，该遗址为春秋战国时期的遗存。

在新丰江主支流的船塘河流域，也发现了新石器晚期至商周时期的山冈遗址，出土有石斧、石刀、石锛、石镞之类的生产工具。在该流域的不远处，还发现有多座东晋时期和春秋战国时期的古墓葬。

在新丰江下游回龙镇的雷溪山冈上，也有新石器时代晚期遗存，并于1956年做了试掘。出土有石器27件和一大批陶片。该遗址已被新丰江水库淹没。

这一切都是新丰江流域很早就有人类开疆拓土和繁衍生息的铁证。

进入封建社会后，北方群雄争霸，战火四起，加之北方和西北游牧民族的多次南侵，中原地区政局混乱，社会动荡不安，中原经济及文化遭受到巨大的冲击，一批批士族与百姓被迫南迁，封建王朝的经济文化重心，开始由北向南转移。

从东汉末年到明末清初期间，北民南迁的大波澜就曾出现过三次，即西晋的"五胡乱中华"、唐代的"安史之乱"和北宋的"靖康之难"。而河源地区的客属先民，少数由唐代的"安史之乱"时迁入，如回龙的古岭一带的先民。之后的移民，大多数是在南宋末期的"宋元之争"和明末的"抗清之战"时从福建、江西南迁的。他们与土著人和平共处，杂居生活。由于客属人口不断增长，社会生活也随之发生了巨大的变化，本应是"客随主便"却变成了"主随客转"的局面，土著文化完全被客属文化所融合。他们共同成为新丰江流域的主人，共同创建客家村落。

随着人口的不断增长，客家村落也越筑越多。为适应经济社会的发展，在交通便利的地方便发展圩市，成为周围村落用于交易的市圩。新丰江及其主要的支流旁便兴起了一串串街市和村圩，如隆街圩、忠信圩、船塘圩、桥头圩、龙利圩、东坝圩、双田圩、灯塔圩、洪溪圩、赤溪圩、古岭圩、南湖圩等。他们共同开发新丰江流域，共同创建新丰江文明。

千年古镇，回龙文化

　　回龙是河源地区最早有人类居住的地域之一。1956年11月，广东省文物工作队在回龙乡的雷溪神岭山冈上发现了新石器晚期遗址，并做了试掘。出土有石器27件，其中石锛14件、石镞8件、残刀1件、石磨盘1件、残石器3件。此外，还出土有一大批陶片。石器纹饰有绳纹，陶片纹饰有条篮纹、叶脉纹、编织纹、重圆圈纹、乳丁纹、方格纹、云纹和附加堆纹等。这一切足以证明回龙是河源人类的发源地之一，可惜的是该遗址已被新丰江水库所淹没。

　　回龙，原是河源县的大乡镇，是河源县的鱼米之乡。新丰江水库建成后，大部分土地面积被淹没，移民近11 000人。1981年将回龙区址迁往甘背塘村，并更名为新回龙。一方面区别于龙川县的回龙镇；另一方面表示回龙将以崭新的精神面貌展现在世人面前。回龙是一个有着千年历史的古镇。从明末之前的行政区划看，回龙的名字是没有的，只出现有大洲都、洪溪约、赤溪约、古岭圩等字样。事实上，大洲区域含今回龙、新港、南湖、锡场一带，当时，大洲的中心区就在古岭一带。这一带土地肥沃，自古就有"鱼米之乡"的美誉；这一带山川秀美，人杰地灵，在唐宋时期就十分令人关注。隋唐大一统时期，这一带就受到盛唐文化的熏陶，"耕读传家"流传甚广，深入民心，文化氛围十分浓厚，求学者甚众。他们一直坚信："农耕"可以事稼穑，丰五谷，养家糊口，以立性命；"读书"可知诗书，达礼义，修身养性，以立高德。到宋代时，这一带的文化十分鼎盛，宋初"岭南首第"古成之就生于回龙地域的古岭圩。

古成之，人称"紫虚先生"。他聪慧好学，为避"安史之乱"，曾隐居罗浮山潜心苦读，饱览群书，学识广博，文誉四方。浮山道士称其"力学不息，淹贯群籍"。故有诗赞其曰："寰中有道逢千载，岭外观光只一人"。宋太宗雍熙元年（984年），广南东路推荐古成之一人上京考试，书面成绩获第二名。由于历史原因，岭南学子少于北方人，成之得此成绩，自然令同舍的两个北方学子张贺、刘师道嫉妒与忌恨。于是，他俩假借庆贺之名，暗将哑药置于酒中，邀之夜饮，致使第二天清早，宋太宗召见唱名赐策时，古成之不能说话，无法应试。皇帝以为他不尊而勃然大怒，遂令逐出。后得知成之不愿上告害其嗓哑之人，又叹惜其才，便宣谕道："卿不特有才而且有度，卿宜勉之以图后举，朕当虚席待卿"。故成之第一次登科落第。宋太宗端拱元年（988年），他再举登第，同榜28人，时称"二十八宿"，成之排列19，应上天"二十八宿"之说，成之列为"象宿"，为广南人宋代第一个考取进士者。宋太宗说"广州举士者，始于成之"，故称"岭南首第"。古成之为官之后，严于家教，督其子孙，勤勉于学，他和他的后人成就了中华的千古绝唱——"四代四进士，一母三贵子"。

所谓"四代四进士"指的是河源回龙古氏家族在北宋年间，古成之和其曾孙古革、古堇、古巩四人均被北宋君王钦点为进士。

所谓"一母三贵子"指的是古成之孙媳杨夫人六年连生三子，长子古革，次子古堇，三子古巩，且这三子均非等闲之辈。古革、古堇长大后同赴州府解试，兄弟名列前5名。然而，命运弄人，正当兄弟俩准备赴京参加礼部闱试时，一场暴雨淹没了他们的家园，其父母只好携祖母及兄弟投亲迁居梅州。祖母年迈，无法忍受一路的颠簸劳顿，到梅州安家后不久就离开了人世。为守孝，兄弟俩不得不等三年后再参加考试。说来真巧，宋哲宗绍圣三年（1096年），年仅19岁的古巩在梅州通过了解试，并被推举参加次年的春闱考试。就这样，兄弟三人同于宋绍圣四年（1097年）进京赴试，结果，兄弟三人同登进士榜。这在中国历史上是绝无仅有的，也可说是空前绝后的。一时间，朝野震动，佳话频传。哲宗皇帝盛赞曰："一门三贵，旷世盛闻"。杨夫人亦因此被哲宗皇帝钦封为"一品诰命夫人"。可谓是光宗耀祖，流芳百世。

正因为回龙是人杰地灵的地方，远近闻名。传说，清朝乾隆皇帝南巡时，特意在今连平县隆街（古称大田街）铁水岩的"牛过渡"渡头雇船畅游新丰江黄金水道，并到古成之的故乡古岭一带考察。当得知这是"牛过渡"渡头时，乾隆觉得这地名有讳"圣驾"，就将"牛过渡"渡头，赐名为"龙过渡"（"龙"与

"隆"同音）渡头，大田街从此就更名为"隆街"。

乾隆皇帝在大田赐名后，满心喜悦，直渡赤溪，停船登岸，在古成之的出生地古岭一带，尤其在八字山周围，远处看了不算，还要到古家祖屋去看，最后发出"真乃风水宝地也"的感慨。巡视赤溪一带后，乾隆就不想再南下了，即令摆驾回銮。后人就把乾隆皇帝游历过的洪溪、赤溪、古岭一带组成一个新的地名"回龙"。意为"真龙天子回銮之地"。自此之后，才有"回龙"之名出现在古籍上。这就是"回龙"地名在清代之前的典籍上找不到的原因所在（此传说见载于连平县志和河源县志）。

为解思乡之情，移民何凤平老人特意绘出当年回龙圩的盛况，以图记之，让更多的后人认识自己的原乡。此外，最值得他们宽慰的是，在清同治年间的《河源县志》中，还可以寻觅到有关古成之的踪影和有关八字山的描述。

移民何凤平老人画的回龙圩故园图（图片来源于谢晴朗拍自《故土家园》）

古成之及其孙辈均出生于赤溪（约回龙圩南麓）的八字山间，县志是这样描述八字山的："河源祖山始于八字峰，自新丰江旖旎而来至一峰，龙分三支。左一支起回龙诸山顺新丰江环抱龙为邑上势；右一支起高埔诸山逆东江环抱县龙为邑下关；中一支踊跃五十里于白石嶂与笔架山相夹之处顿起，以下、过、穿、脱、换等飞潜之势，融结于河源两城"。作者如此详述八字山的来龙去脉，无非就是要说

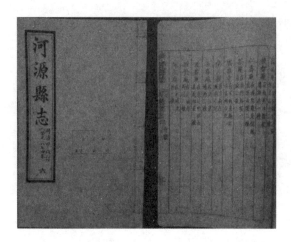

《河源县志》记录回龙变迁情况（图片来源于谢晴朗拍自《河源县志》）

明"地灵必人杰"之理。

如今的回龙原乡人，无论是外迁的，还是安置在县内其他乡镇的，他们对于家乡的八字山，依旧沿袭着和先贤一样的恭敬之心。八字山虽被湖水淹去了大部分的真容，但从村民的文字记载中仍然清晰可辨：八字山自西往东有3个山峰，分别是上八字、中八字和下八字。下八字的峰腰处有一座观音古庙，叫"观音望海"。庙宇门柱上书联"菩提旧种三摩地，莲界新开八字山"。而在上八字的山巅上，则有一个海龙王神祠。过去，久旱无雨时，村民便上神祠求雨，人们都说这海龙王还真灵，往往求雨过后，回村走到半路便有雨下，直到"文化大革命"后，神坛被毁，人们才不拜神仙转拜真人。

民国时期，回龙是河源县第四区；中华人民共和国成立后，回龙属第三区，区址就设在回龙圩，下辖20个乡；1957年12月撤区设乡，回龙乡下辖7个小乡；1958年，为配合新丰江水库移民工作，回龙大部分地区划为移民库区，回龙政府所在地被淹，同年9月，实行人民公社建置，河源县建立8个人民公社，下设生产大队、中队、小队。为了便于管理，1959年春，新丰江库区的半江、锡场、回龙、南湖、立溪等地尚未迁移的群众联合成立水库人民公社。1962年，撤销水库人民公社，建立锡场公社、半江公社、回龙公社。

老回龙镇政府（图片来源于谢晴朗拍自《故土家园》）

新丰江清库移民时，回龙属全淹区，因当时移民新安置点解决移民生产生活方面的实际困难重重，导致移民们纷纷倒流回库区，在原村周围没有被淹的山谷里自发组建家园，这才有了今天的新回龙镇。为了移民的生产生活，河源县积极组织回流移民开展生产，承认其户籍，按原有区划组织管理。

如今新回龙有9个村民委员会，78个村民小组，共2139户11 300人。他们继承先贤的遗风，在党和政府的关怀下，在这个水网交错的新丰江库区内，崇文重教，努力进取。

版图上消失的南湖小镇

南湖，明清时期属大洲都，是4都之一的南湖陡约，清同治十三年（1874年）河源县行政区划4都10图25约199村，南湖约下辖14村；1940年，河源县划分为2区5镇56乡，共辖287保、2730甲，南湖属第一区南湖乡；中华人民

1957年5月，共青团南湖支部团员在南湖桥上留影（图片来源于东源县水库移民展馆）

共和国成立后，南湖属第三区；1951年行政区划调整，全县共划11区，南湖为第四区，区址就设在南湖圩，下辖15个乡；1957年

新丰县第四区（即今锡场、半江一带）划入河源管辖，河源区划调整为12区，南湖仍属第四区区公所驻地，下辖17个乡；当年12月撤区设乡，南湖乡下辖10个小乡。1958年，新丰江水库蓄水后，南湖所属的村庄几乎全都沉入湖底。从此，本是"鱼米之乡"的南湖就在区划上消失了，只剩下地理位置较高的双田村，但它已不隶属于南湖而是隶属于新港管辖的范围了。

　　而今，人们习惯地把南湖所属仅存的双田村称之为"小香港"。这样的称谓有三大因素，一是指它的地理位置，孤零零地立于一隅；二是指它仍不减当年"鱼米之乡"的富足；三是指这个状如锅底的双田村确有它的独特之处，有一个集贸市场，一所中小学校，至今庄子周围还有3000多人居住，如此热闹的小山村，在河源实属罕见，也许，这就是"小香港"由来的主要因素吧。

　　要想了解南湖的过去，只能从移民老人的口述中去拾贝了。其中移民蓝启敏向我们讲述了双田村上新屋和下新屋的来由，他说：

　　我的伯公是一个很活跃的人，积累了一些财富，在村里建了一座"上五下五"的方形围屋，这是我们村建得最早、最完整的一座新屋，因其位置在村子的上方，所以叫"上新屋"。

　　我的爷爷也是一个十分好强的人，他没有我伯公那么"活跃"的大脑，但他有一颗兢兢业业的心、一对坚实的肩膀和一双勤劳的粗手。他挑担去河源县各村做生意，一走就是十天半月，妇孺老小留守家中，按他的话说就是"用脚丈量完河源的村村寨寨和坑坑洞洞"。经过多年的打拼，我的爷爷也积累了一定的财富，在村子的下方也建起一座"上五下五"的方形围屋，所以叫

"下新屋"，至今有109年的历史了。当年的"下新屋"还算奢华，除"克昌厥后"一类的匾额雕刻外，还有一扇金丝屏风，摆放在前厅的厅堂上，袅袅婷婷从房梁垂下，八仙贺寿图在耀眼的红色金光下若隐若现。厅堂两边有珐琅花樽、酸枝木椅子，彰显着与屏风对等的珍贵。

南湖的双田村是一个畲族村，村口不远处就是蓝氏宗祠，宗祠前排列着石夹桅杆，彰显出家族的荣耀。一根石夹桅杆上，刻有"乾隆庚子科乡试举人蓝绍芬立"的字样。由于年代久远，在其桅杆石中，因风化而无法辨出其衣锦还乡的信息了。我们只能从老人的口中了解他们的生平。

据老人说，他们的祖先大约是明中叶后在此地开山立基的，至今有500多年了，而步入繁盛时期应该是清末民初。因为双田村正处于新丰江水路灯塔圩与南湖圩中间的节点上，因此，村中经商者甚多，新丰江水路上南来北往的商人也为双田带来了无限的商机，成就了双田南北长两千米、东西长一千米的"十字街"。从此，人们就以十字街为中心，建起了东南西北四座城门，每座城门设有栅栏可开可关，城墙上还布有枪眼，随时监控着十字街内外的一举一动。十字街上有典当行、车衣铺、旅店、药堂、修理铺、杂货店、饼店、伙店等商铺，构成了比较齐全的乡村集市。

除了十字街外，十字街尾还有一座"五楼角"。这是一家开放式的旅馆，从外地远道而来的货郎商人，补锅、修表、打铁、爆米花的手工业者，还有医跌打、镶牙以及专治奇难杂症的江湖郎中都住这里，他们和围屋主人共用一个灶间，自办伙食，以节省开支。手工业者侍弄一日三餐之余，就在"五楼角"宽大的天井里摆开阵势，开展营生；江湖郎中和杂货商人，早餐后就出大门，直到晚上才回来住宿。这些人在此热闹一阵后，自觉得没什么生意了，才先后离开"五楼角"，赶往下一个地方，继续他们的营生。

南湖移民赖城说："我们就是最近南湖街道的人。1958年移民时，隶属灯塔公社的双江沙岗村最早是安置双江下林村的移民点，那里建有30栋移民房，清

移民刘瑞荣老人画的南湖乡故园图（图片来源于谢晴朗拍自《故土家园》）

一色的砖瓦房整齐划一。下林村移民在双江沙岗居住了一段时间后，集体回流下林村，留下了30栋空房。而我们呢，最先是安置到韶关的，因为过不下去，我们也从韶关倒流回南湖的山岗上扎棚居住，后又安置回韶关，不到一年的时间，我们再次倒流回库区，看到沙岗一排排空荡荡的移民房，我们喜极而泣，如同看到了南湖乡，就一头扎进了沙岗村。县政府亦很无奈，只好承认我们的存在。从此，我们就在这里繁衍生息，重建家园，遥望着10千米处的南湖水面，以解思乡之情。"移民刘瑞荣老人凭自己的记忆，绘出了南湖乡故园图，以留后人纪念。

　　曾经是河源县域"丰饶之最"的南湖小镇，如今已成为水乡泽国，而南湖人还在代代相传。每当坐着游船畅游万绿湖时，他们总会指着湖水下面说，这就是我们的故乡。有时，他们在万绿湖内兜着圈子，苦苦寻觅着故乡的影子。在思乡到极致时，他们会登岸爬上双田村，从十字街和"五楼角"那里得到些许慰藉，也只有双田村的十字街和"五楼角"，才能成为南湖远逝后回忆的缩影，成为人们缅怀南湖原乡的本源。

锡场深山有名墓

锡场，古属河源县，物产丰富。在这块丰饶的土地上，蕴藏着丰富的锡矿资源，古人就曾经在这一带开采过锡矿。如今，在锡场多处深山峡谷中，均有古人开采锡矿留下的矿场痕迹，故得名"锡场"。中华人民共和

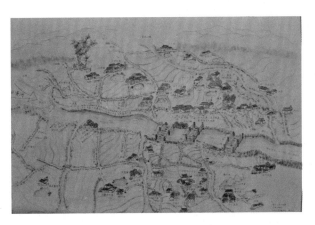

原新丰县（河源县）锡场区治溪乡各村地名、设施分布图（移民清库前）（图片来源于谢晴朗拍自《故土家园》）

国成立后为韶关新丰县辖地。1957年新丰县第四区的锡场、半江等地划归河源管辖，河源区划调整为12区，锡场为第11区区公所驻地，下辖7个乡；当年12月撤区设乡，锡场乡下辖4个小乡；

1958年因建新丰江水库，锡场大部分群众迁移外地安置，有条件的地方采用后靠转移；同年，实行人民公社建置，河源县建立8个人民公社，下设生产大队、中队、小队。为解决水库移民的生产生活，1959年春，新丰江库区的半江、锡场、回龙、南湖、立溪等乡尚未迁移的群众联合成立水库人民公社，社址就驻锡场圩；1962年撤销水库公社，另置锡场、半江、回龙公社；1983年冬改设区；1987年撤区设镇至今。

为了建设新丰江水库，锡场人民作出了巨大的牺牲。他们的移民外迁安置达3189人，在自己的区域内后靠迁移安置1520人，在河源县内其他地方安置808人，移民达5508人。如今锡场总面积318.03平方千米，其中耕地面积4.65平方千米，占总面积的1.5%；下辖12个村民委员会，68个村民小组，共2406户12 300多人。

为了保护新丰江一级地表水，锡场人民即使天天躺在锡矿床上也不开采，生怕玷污了新丰江这一湖碧水。他们在党的领导下，在新丰江水网区域中植树造林，涵养水源，其森林覆盖率达到70%以上，木材蓄积量近百万立方米，是"广东省最重要的用材林基地"之一。

为了弥补耕地的不足，锡场人民怀揣"有志者，事竟成，破釜沉舟，百二秦关终属楚；苦心人，天不负，卧薪尝胆，三千越甲可吞吴"的气概，在当地政府的引导下，实行"一村一品"的战略，锡场移民已经过上安稳的日子。本地盛产的香菇、木耳、灵芝、竹笋远销海内外；他们亲手种下的林木，已成参天大树，静静地守护着深藏的锡矿；他们用林木的芳香，清化着万绿湖的碧水蓝天。

锡场人热爱故土家园，尤其是外迁安置的3000多名锡场儿女，思念起故土来更是刻骨铭心。我们在惠东稔山移民新村，见到了从锡场治溪乡来的移民。当他们得知我们是从河源来的，高兴得眼含泪花，带着我们看了村庄的建设，给我们介绍当地的奇闻轶事和风土人情。当我们走进村里的群众活动中心时，

河源县锡场区治溪乡河洞村、双门村示意图（图片来源于谢晴朗拍自《故土家园》）

老人们有的打扑克、有的打麻将、有的下象棋、有的看电视，好一派老有所依、老有所乐的景象。在活动中心入门右侧，我们看到了新丰江移民清库前，移民老人绘制的《原新丰县（河源县）锡场区治溪乡各屋及地名、设施分布图》和《河源县锡场区治溪乡河洞村、双门村示意图》。看图可知，治溪原乡的风貌——全乡坐落在一块大盘地上，治溪河自西向东穿过乡中央，两岸村民靠着三座桥梁紧紧相连，构成了"小桥流水人家"的江南水乡特色。

锡场山秀水美，在镇东向5千米处的坪山脑山腰间掩藏着清代乾隆和嘉庆年间曾任多省巡抚、总督等职并加太子少保衔、诰封荣禄大夫、赏花翎顶戴的人物——颜检的墓园。该墓园规模宏大，设计独具匠心。墓穴不大，长5米，宽3.7米，全部用青石打制成条块镶嵌而成。穴顶用一块直径2米的青石盖住；墓碑为一块高1.2米、宽1.6米、厚0.1米的青石板，上刻"道光三年十月二十

颜检墓地前的石人石马（图片来源于百度网）

四皇清诰授荣禄大夫显考星甫府家藏男伯焘敬识"等字。墓堂呈半圆形，中宽2.3米，用9块青石打制暗榫连接而成；除墓穴选用上乘材料外，距墓穴50米山下的小平台，是一座高4.75米的龟趺螭首碑座，距碑座4米的陡坡两边设有5级小平台，分别置放石人、石马、石羊、石狮等，石雕两两相对而立。石人一袭的宽袖长袍，神采飞逸；石马鞍鞯在背，似乎随时等待主人跨上战马驰骋疆场。距基地1000米的山下边，有一个跑马场，占地面积约500平方米，内有一座石砌观礼台，似乎随时等待颜检前来检阅兵马训练的情况；距跑马场1500米的古道旁，设有一座"接官厅"，厅分为三进，占地1000平方米。虽然墓基不大，但将山下的接官亭、跑马场以及观礼台相接，整个墓园缠延整座荒洞山，算得上岭南明清以来规模较为宏大的古墓之一。只是，经过数百年的风雨侵蚀，加之"文化大革命"期间的破坏，墓穴被挖开，石雕被放倒，幸而除一石羊头被砸断外，其余保存尚好，只是石墙、门当、石雕、石墩散落在长满荒草的废墟里。见此情景，悲凉之情袭上心头，山谷处那条清澈的溪流又是从颓败的断壁残垣前潺潺流过，更增添了一丝丝的凉意。

想当年的清明节或是中秋节，从各地赶来祭拜颜检的颜氏后裔和各路官员人马，他们风尘仆仆，满怀敬意，在接官亭下马，带上祭品来到颜检墓堂前，清除杂草，焚香烧纸，鞠躬祭礼，肃然起敬。完成祭礼后，人们就在接官亭歇脚交流，流连山水，好不热闹。每年的特定时间，这里都会重复着昨天的故事，而守墓人则是长年驻守，日复一日，年复一年。如今这片曾经热闹过的山谷，只剩竹节拔高林木生长，大自然的生机与颜检墓园的荒废形成了鲜明的对比。

2000年，河北保定博物馆馆长一行4人，不辞辛劳特来锡场察看颜检墓园。这一衰败的景象，令70岁高龄的老教授潸然泪下。他在颜检墓前戚颜肃立，静静地腼怀着这位"清白存心，精勤任事；力挽颓风，勉为良吏"的清官。之后，他向我们讲述了颜检在清嘉庆八年（1803年）七月，保定永定河洪水泛滥时，作为直隶总督的他，坚持驻守工地，亲自参与抢险，使保定人民免去了一场大灾难的善事，他修筑的那段河堤坚实稳固，至今仍得以保存。

颜检墓园并非是颜检本人修建，而是他儿子颜伯焘出任直隶布政使和陕西巡抚期间，奏请朝廷为其父修建的"生冢"（即人未死前事先建好的坟墓）。颜检任职期间，忠于朝廷，勤于吏事，清道光帝恩准其按一品大员的规格在老家为颜检建造墓园。工程历时两年多才竣工。建成后，又搁置了近10年，直到道光十二年（1832年）颜检去世后才把他的棺柩运到墓园安葬，并重新立碑。

就这样，当年叱咤风云的颜检，因思念故乡而长眠于新丰江流域，与荒洞岚山、清凉碧水久久相伴。幸而，颜检墓园藏于深山高处，出新丰江水库118米的水平线外，得以保存下来。

颜检的家族是我国清代较为显赫的家族之一。颜检的父亲颜希深贡生出身，在清乾隆年间曾先后担任知府、督粮道、按察使、布政使、巡抚，加节制通省兵马衔、兵部右侍郎等职，皇帝赏花翎顶戴。而颜检也是拔贡出身。乾隆四十二年（1777年），以朝考一等被授礼部七品京官，旋升仪制司员外郎、御前校射。乾隆五十八年（1793年）起，先后任江西吉安知府，云南盐法道、兵备道，江西按察使，河南、直隶布政使，河南、贵州、浙江、福建巡抚，仓场、工部、礼部、兵部、户部侍郎，漕运总督、闽浙总督、直隶总督等职。其子颜伯焘是清嘉庆十九年（1814年）进士出身，授翰林院编修。之后，曾先后担任多省的督粮道、按察使、布政使、巡抚、总督等职，诰授荣禄大夫，赐兵部侍郎衔，赏戴花翎。其侄颜以燠也任过知府、兵备道、巡抚、总督等职，挂兵部侍郎衔，赏戴蓝翎，正是这四人造就出清中叶时期"一门三代四督抚，五部十省八花翎"的显赫世家。

双江溪畔，赵佗故城

双江镇政府所在地的前身叫桥头圩，位于河源市区北部，离市区55千米，地处新丰江水库边沿，东与灯塔毗邻，南与仙塘相接，西连新丰江水库，北与涧头相连。总面积366.86平方千米，其中耕地面积65.33平方千米，山林面积301.53平方千米。

众所周知，适合人类居住的地方，水是必不可缺的先决条件，尤其古代，陆路交通不发达，全靠水路远行和运输货物。桥头圩就处在大路下小溪和新坑小溪的汇合处，两溪汇合为"江"，故取名"双江"。这里水陆便

古驿道的双江段（图片来源于百度网）

25

利，是河源县内最早建立市圩之地。

桥头圩原为上达龙川、连平、和平、广西、江西，下通河源、惠州、广州的古道要塞，上下古道至今仍保留有许多用石头铺砌的路段。据长者回忆，到清光绪年间，已有布店、水货店、山货店、打铁店、药店、伙店、客栈、当铺等20多间，街面宽8米，街市长约150米，东北至西南走向，原店多为泥砖石砌水平房结构。民国初期，曾在此设立崇德高级小学。新丰江水库建成后，桥头圩的枫木、下林、丙溪农业社已成水乡泽国，2490多名移民已安置到次江、沙前等地。

双江镇明清时期属永顺都蔡庄约，民国时期属一区桥头乡，中华人民共和国成立后，属第四区双江乡，1958年属灯塔人民公社。建设新丰江水库时，仅双江政府所在地的桥头乡就有移民578户2490人。1961年析出灯塔设置双江人民公社，1983年冬改设区，1987年撤区设乡，管理着8个村民委员会，61个村民小组。

双江镇乃为千年古镇，民间素有"先有桥头圩，后有河源城"的传说。若此说无误，桥头圩则创建于1600年前，即南北朝之前。其依据是，在桥头圩东边的5千米处，筑有一座"赵佗故城"，且长年有军队驻守，因人

赵佗故城墙挖掘现场（图片来源于百度网）

口甚众，自然就要发展市圩，那就是桥头圩，故有此传说。

赵佗故城坐落在新丰江畔双江镇的牛颈筋山顶上，距今双江镇政府3.5千米，东接金鸡嶂、牛寺山，西连钯头岭、斗凹、高仞寨，组成一道30千米长的天然屏障。"赵佗故城"雄踞中间，南北两面多为悬崖峭壁，形成一座独立山头。山顶上是一块方圆0.5千米的大坪地，是守军之所。

有研究者称，桥头的"赵佗故城"，并非是赵佗任龙川令时所筑，而是起于秦末农民战争爆发后。当时，秦朝大乱，各州郡自行组军，聚集民众，龙争虎斗，抢夺地盘；各路豪杰，相继叛秦，另立门户。南海郡尉任嚣病危时，召见赵佗说："南海郡地处偏远，吾怕叛军侵吞土地，发动军队断绝通道，自我防备，等待诸侯变化，然，事未作，老身病，无力修筑第二道防线。况且番禺之地，背负高山为险阻，濒临南海为屏障，东西长达数千里，有许多中原人辅助治理，这也能成就一州之主的地方，也可以建立南越国，吾望你实我所愿。"不久，任嚣辞世。赵佗接任南海郡尉后，他关闭了3个北边的关隘，为防韶关阳山隘口被攻破，于是，在桥头修筑了这座军事城堡，作为巩固其南越国地位的第二道防线。

赵佗故城城堡残墙（图片来源于百度网）

据知情者回忆，赵佗故城遗址三面有很高的城墙绕山而筑，其中正北面为绝壁，有东南两座城门。"大跃进"年间，当地政府将城墙砖大部分拆去建筑双江粮仓，现仅存残墙断壁，最完整的一段长约30米，高3米左右。

有专家分析，从故城的布局、地形地貌及史料记载看，这座故城应是秦时赵佗的军事城堡。其依据如下：

一是规模较大，东南两座城门，门阔1.67米，高2.67米，除正北面是悬崖峭壁外，山顶三面均筑有城墙，墙高3米有余。牛颈筋山虽然不高，但山顶独立，雄踞两条古道要津，山势险要，易守难攻。

二是布局明显军事化，城内共设3道防线。第一道设在距城2.5千米处的连塘寨、揽坝坑、疴屎岭3处，且这3个地方均成犄角之势，特别是中间的连塘寨遗址，山上有人工开造方圆1000平方米的坪地，四周均有古壕沟的痕迹，估计此处为阅兵操练之处；第二道设在牛颈筋山腰的险要处，即左边的牛牯勃、右边的牛母勃、中间的铜锤打硬颈等三处，距故城遗址500米左右，亦成犄角之势，各处的小平台挖有壕沟，可设炮台和施放雷木炮石，在当年的冷兵器时代，均是一夫当关，万夫莫开之处；第三道设在离山顶300米处，东向处是大凹、石筋，西向是牛坪，特别是牛坪这个地方，可容千人驻足，估计亦系屯兵之点，城内有"越王井"，城南500米有一条山溪，名"担水坑"，可源源不断地向城内供水。

三是站在故城遗址，极目远眺，东西北向数十里，原古老的桥头圩、龙利圩、东坝圩和灯塔圩尽收眼底。2000年前，这些地方均为原始森林，人烟稀少，把城堡建在连接两条古道的山顶上，无疑可以起到截杀的作用。

由此看来，传说与专家分析是有一定事实依据的，亦符合当时的社会现实。

清乾隆年间，河源举人邝师益赋诗一首：

赵佗故丘

千载英雄一老夫，空城何事人荒芜？

徒闻宝剑藏王气，无复楼船起霸图。

汉帝自令归大统，秦人漫使负偏隅。

龙川旧令茫茫迹，更有高台造粤都。

今牛颈筋山顶仍存有神坛一座，神坛两侧有两条石柱和两条石杆，但这些构件均为清代遗物，这肯定是后人留下的杰作。从中我们也可以看出桥头人对故城的感情，这种情感是与桥头人的传统相联结的，这种传统就体现在村民的"'赵佗故城'抬龙王"活动。

河源电视台记者巫丽香是这样描述桥头一带抬龙王传统的：每年的农历四月十五日，桥头村及附近村镇的村民，必定会爬上牛颈筋山，在"'赵佗故城'里抬龙王"。久远的信仰从故城里起步，一路走来，人们已很难分得清，龙王与故城究竟谁先谁后，谁主谁从。总之，一位龙王一座故城就这么相依相连，成为这片土地热热闹闹来路久远的印记。

抬龙王最关键的一环，是要叠108套纸衣，五色纸交错如美丽的彩虹，飘飘衣袂纪念的是108位大将，其中两位分别为卢氏大将和蓝氏大将。暮春时节，人们迎着沾身的花香，抬着寒衣、香、花、果、烛上山，在龙王神庙前虔诚祭拜。远处，赵佗故城的残墙如一段静止的时光，直到缭绕的香火将它唤醒，曾经横刀立马罡气如虹的将士从城里出来，领受鲜衣甘食……原来，"抬龙王"是村民对军事城堡"赵佗故城"杀戮之气的一种过滤，是恭敬天地与忠义的最绮丽的想象。

卢氏和蓝氏大将被村民安排在龙王庙的两侧，成为护法神。通过"抬龙王"，一切皆得自由安宁，犹如四季交替，星辰轮转，大地产出累累果实。

龙王神庙就在赵佗故城30米处，已被村民修缮一新。庙前门坪上，两支石桅杆衬着巍巍古柏肃穆静立。庙碑上的文字清晰可辨，上面内容显示这座庇国护民迎风接雨的龙王神庙由大清敕封，修建于道光二十五年，即1845年，至今已有174年。

牛颈筋山上的赵佗故城，有着苍翠的四季林海和发人幽思的历史意境，加上一个从不曾缺席的"抬龙王"活动，这成了桥头村和双江镇的骄傲。新丰江库水淹没了桥头圩，带给双江繁华如织的农贸之路已永不复见。还好，有一座赵佗故城俯瞰着山河巨变，成为永恒。

秦时，在桥头就设有军事城堡，古驿道必然穿越桥头。赵佗归汉后，桥头的军事城堡曾一度作为保一方安宁的军屯地，之后，它的角色转化成古道之上的重要官家驿站。

如今有1.5万人口的双江镇积极植树造林，尤其是松脂生产为全市之冠，年产量达千吨以上，曾获国家林业部"青山常在，松脂常流"的锦旗。双江人民用自己的实际行动，守护着万绿湖这泓一级地表水。

涧头水下古桥遗存

涧头原是灯塔的一个大村庄，原名"简头"，因简姓人最早在此开山立基而得名。后来简姓人全部外迁，李姓先祖到此落居，故改名为"涧头"，以避简姓之讳。涧头位于河源西北部，属新丰江库区乡镇。东邻顺天，南接灯塔，西临半江，北与连平交界。清朝属永顺都黄洞约；民国时期属黄洞乡；中华人民共和国成立后属第三区灯塔乡；1958年属灯塔公社；1961年析出灯塔设置涧头人民公社；1983年冬改设区；1987年撤区设乡。

前不久，在东源县涧头东坝村（古称广东坝）路段，河源市博物馆文物普查工作人员新发现了一段"水下"古驿道，道中的石拱桥也随着万绿湖水位的下降而"浮"出水面。这座桥叫永定桥，距今约有196年的历史。它上通连平、江西，下通河源、惠州，是古代重要的交通要道。

这座"浮"出水面的永定桥，始建于清道光二年（1822

古驿道上的永定桥，始建于清道光二年（1822年），于道光五年（1825年）竣工（图片来源于百度网）

年），于道光五年（1825年）竣工。据《河源市文物普查汇编》记载，永定桥长60米、宽7.1米，桥西墩砌成分水尖形，伸出约13米，桥两边设有桥栏，高1.3米，两边桥身各有三块刻字板，每块长2.6米，宽1米，其中西向一边刻"平砥""往攸有利""恒月"八个大字；东向一边刻"直矢""永定桥""日升"七个大字，字规格为边长30厘米的正方形。每块石匾两边有一副石刻对联，字迹已模糊不清。桥身、桥墩及分水尖，均用花岗岩石砌筑，红砂岩望柱，莲花状柱头，灰沙夯筑栏板。桥身保存基本完好。

据当地人介绍，1960年，新丰江水库（即万绿湖）开始蓄水，由于地处水尾，直至1961年永定桥才被淹没。一般来说，每年的10月份，随着万绿湖水的消退，永定桥就会露出其历经风雨的部分桥身，尤其是露出水面的12个莲花状红砂岩柱头格外引人注目，到次年的四五月份，又会重新被湖水所淹盖。因此，这座永定桥在新丰江水库60年的生命历程里，总是"犹抱琵琶半遮面"

地偶尔出来见见阳光。2015年，新丰江水位保持在108米左右，永定桥才得以露出其全部"容貌"，露出湖面的古驿道也有数千米长。尤其露出水面的两个石砌桥孔，在湖水的映衬下，就像一双迷人的眼睛，湖面远处的浅滩上，不时有白鹭在觅食或翩翩起舞，犹如一幅优美的风景画。

东源县涧头镇文化站站长赖伟飘说，永定桥上一次"浮"出水面的时间，大约是在2015年的冬季，这一次露出"真容"，是有记载以来最为完整、最为清晰的一次。

永定桥虽历经100多年的风雨洗礼和多年的湖水浸泡，栏杆已损坏，桥身已出现多条裂缝，并有多处桥墩和刻有"永定桥"的石匾已脱落在桥下，但桥身还算坚固，主体部分保存还算完好。从其桥面宽度不难猜测出当年永定桥的重要地位和车水马龙的热闹景象。

省、市住建部门对永定桥的保护和复原工作十分关注，指示要挖掘永定桥的文化内涵，要让桥"说话"，让"桥"讲述沧桑历史。省住建厅相关领导日前在我市调研粤赣古驿道工作时指出，要尽快组织文物专家对永定桥进行价值评估和鉴定，要趁着我市未进入汛期，抓紧组织人力将水中散落的构件打捞上来，放到新丰江水库移民纪念馆保存，使得这些桥墩和石匾不被深埋泥沙下或被湖水冲远，以便于更好地研究古驿道。

作为古驿道上的重要遗存，有关部门将采用现代数字技术对永定桥进行虚拟复原，有望放到正在建设中的新丰江水库移民纪念馆，成为该馆的"镇馆之宝"，让更多人了解古桥的前世今生。

据长期研究河源地方史志的惠州市岭东文史研究所研究员李明华先生介绍，东源县涧头镇东坝村最初的称谓叫"广东坝"，

洞头镇露出水面的古驿道（图片来源于百度网）

近日"浮"出水面的东坝村永定桥，就是旧时称的"广东坝永定桥"。其建筑年代是有历史记载的，它始建于清道光二年（1822年），于道光五年（1825年）竣工，前后历时三年，在当时来说可以算是"大桥"了。根据清代和民国史料记载，在"广东坝"附近的河道上，有一条连接连平忠信、和平以及江西龙南的古驿道，为南北通衢。明末清初起，在"广东坝"地方设有塘汛，驻塘兵两名。在古驿道上设置塘兵，一方面是传递军情，另一方面是传递政令。

他还说，明朝崇祯六年（1633年）连平州初设时，因交通不便，无水驿、陆驿，知州牟应绶奏请在主要山道中设置塘兵兼驿传。由于"广东坝"的位置是两河水汇合之处，在当时以河运为主要交通方式的古代适宜设卡，而跨河必有桥，以利两岸民众往来。由桥体宏大，桥面宽阔可知，清代中叶的永定桥已是当时重要的交通要道，亦可推知永定桥的前身应该是木桥或其他结构的简易桥梁，同样为当时的交通主要桥梁。

河源市博物馆原馆长黄东称，"浮"出万绿湖水面的古驿道和永定桥，是粤赣古驿道河源段主线的一部分，它的重见天日，对佐证粤赣古驿道的真实存在，具有重要的科考价值。

此外，洞头乡的东坝村，清代方志一直称其为"广东坝"。

对此，李明华先生也给出结论，"广东坝"这一地名，应是从清代开始，因为从现存最早的明代嘉靖以及万历《惠州府志》中，都未见有"广东坝"地名的记录。目前发现最早记录"广东坝"地名的史籍，是康熙版《河源县志》卷八《坟墓》里面有"宋虔州太守谢元墓（在广东坝瀼潭）"的记载。而乾隆、同治二版《河源县志》以及光绪版《惠州府志》则为"宋虔州太守谢元墓（在江东坝瀼潭）"。"江东坝"与"广东坝"，一字之别，河源客家话读音近似。由此推论"广东坝"与"江东坝"都是同指一处——东坝瀼潭，即今涧头镇的洋潭村。

《谢氏族谱》也有记载：谢元，始祖讳元，字善长，宋进士，第登文天祥榜（即1256年），本籍河南开封陈留高阳堡人，父讳失，字德深，与叠山为从兄弟。宋德祐时出守江西虔州（今赣州），未久宋革，不愿仕元，而干戈阻塞路难回家，遂自龙南渡驴岭而抵于河源之三阁村（此地多梅树，又名梅子树下），因占籍河源。后迁在城约大洲都一图八甲居焉，寿八十九，封中宪大夫。配皇甫氏，寿九十二，封宜人。合葬于广东坝上瀼潭（今东源县涧头镇东坝洋潭村），元至治年勒石。生二子：长天赐，次天与。

此外，乾隆版《河源县志》卷之一，记录河源水，其中有载："蔡庄水，一至广东坝入江；一至龙利头入江"。在记录墟市中，记录"广东坝，小市"。可见清乾隆年间的"广东坝"周围村落人口并不多。由此观之，也符合河源人口多数在明末清初陆续由闽粤赣各地迁入的历史事实。到清初，由于"广东坝"处在两条河汇集之地，得水路交通的便利，"广东坝"经济得以发展。至清中期，"广东坝"已发展成"墟"，以赖姓为大姓，特产蒜头。

洋潭村旧属河源县蔡庄约,新丰江水接纳了忠信河水之后,穿过这个囊括了现今涧头、双江等乡镇的地理版图。沿岸有顺天圩、东坝圩、龙利圩等乡村集市,洋潭村就位于东坝圩之东。周边挑着山货赶来集市的乡民以及载着稻谷、百眼芋、火炭等大宗商品的货船、木排等在洋潭村民的家门口接天连地。得江水之便和农贸之利,洋潭村仓廪充实,衣食充足,10余座围龙屋把这个临江而居的村落点缀得更加富丽堂皇。新丰江水库建成后,洋潭村的移民人口就高达1001人。今涧头所属的东坝乡基本被水淹没,移民人口高达5075人。

如今,涧头共有14个村民委员会,54个村民小组,2623户14 300多人。该地拥有铁矿和金矿,为了保护新丰江这湖碧水,涧头人民守着金山银山也不开采,凭着自己勤劳的双手,努力创造新生活。

朱元璋敕建灵鹫寺

《连平州志》记载："忠信有'福地'之称。传说，明朝时，忠信人民对朝廷忠义信实，得到朝廷好评，因而取地名为'忠信'"。忠信水陆交通十分便利，陆路西北直通连平、和平，是原连平、和平的县府所在地，合名"连和县"，南下直通河源、惠州；水路，忠信河汇集了大水河、金花洞水、高陂水后，成为新丰江流域的十大支流之一，集雨面积近1000平方千米，并筑有忠信码头。忠信河流入新丰江后，南通河源、惠州，北通新丰、韶关。以前，陆路不发达时，小货船可由新丰江上游直达忠信码头，是当时这一带的重要交通枢纽。

另有传说，明朝的开国君王朱元璋，与陈友谅在争天下时，曾在新丰玉田屯兵十万，所征将士多来自新丰江流域。当年，朱元璋在忠信地区招兵买马，就是通过忠信码头，用船把人员输送到玉田屯兵处的。这支部队的先锋将士多为忠信一带人，且他们都很忠义信实，为恢复汉室江山忠勇杀敌，给朱元璋留下了深刻的印象。朱元璋建立明朝后，首先想到的是这支先锋将士，就在他们的家乡建立军屯，并筑街市供军屯家人居住，并给该地取名"忠信"。

有关忠信地名还有一个更为传奇的故事——明太祖朱元璋敕令兴建灵鹫禅寺。相传，朱元璋十七岁时，父母双亡，出家为僧，后举义旗，起兵伐元。在领兵打仗的空隙，他仍有诵经念佛之习惯。在与陈友谅、张士诚争天下时，曾得庐山独臂和尚周颠人的指点，在新丰江源头屯兵数万，最终南北夹击攻陷陈、张盘踞的武汉，坐上大明开国皇帝的宝座。

朱元璋登上帝位后，有一天，到庐山去看望周颠人，经一番谈经论道后，各自就寝。睡梦中，佛祖显身给朱元璋讲经说法，不知不觉间，他摸到了一只硕大无比的神鸟，静静地蹲伏在他身旁，似乎也在倾听佛祖的训导。待听完佛祖讲经后，朱元璋想把神鸟送给佛祖，只见佛祖用衣袖拂了一下，神鸟振翅向南飞翔而去，朱元璋也飞身直追。经过好长时间的腾云驾雾翻山越岭，神鸟掠过新丰江畔，便化成一只巨大的灵鹫鸟，蹲伏在河源忠信地界的一座大山上。朱元璋飞身扑去抓神鸟，这一扑非但没扑到神鸟，却让他撞在了灵鸟神石上，撞得他疼痛难忍，直到惊醒过来方知这是南柯一梦。

一连三天，朱元璋做的都是同样的梦。如此清晰的梦境一直缠绕着他，于是，他按梦境画出了山形及鸟样，派人偷偷地到忠信来找寻那只梦中的神鸟。使者到忠信后，按图索骥，认真勘察，努力寻找，终于在进入九连山脉的忠信地段找到了那块形似神鸟的巨石。这块巨石，不管是远看还是近瞻，都极像敛伏着翅膀蹲在地上的鹫鸟，它睁着双眼，抬头仰望着东南方向，惟妙惟肖，令人惊叹称绝。

使者站在山上，认真察看周围的环境。发现此山并不十分高大，是九连山伸出的其中一脉，极像巨龙伸出的龙爪。站在山顶，忠信三峒尽收眼底。南北山峰左右环抱，渐处平坦开阔；山下层林叠翠，树木婆娑；半山腰有一泉眼，泉水甘甜清冽，终年不绝；山下一马平川，良田万顷，绿水环绕。使者惊叹——好一块风水宝地也！连忙把周边的环境及神石绘集成画，回京复命。朱元璋看后龙颜大悦，当即钦定就在神石山下修建禅院，传经弘法。因该山上的巨石酷似鹫鸟，便赐名该山为"灵鹫山"，所修禅院，便赐名为"灵鹫禅寺"。

因皇帝钦定，寺院很快建成，随即香客云集，香火鼎盛，僧俗众多，灵验无比。河源灵鹫禅寺与当时的广州光孝寺、韶关南华寺、潮州开元寺号称广东四大寺院。在这四大寺院中，数河源灵鹫禅寺的规模最大，人员最多，香火最旺。

忠信灵鹫禅寺（谢晴朗　拍摄）

明洪武七年(1374年)，朱元璋微服巡视灵鹫禅寺，莅寺那天正好是重阳节，登高进寺者络绎不绝。当其轿子走到黄竹坑时，在狭路处遇到一位僧人，朱元璋还没来得及下轿避让，僧人就说了句"轻慢三宝，汝知罪乎"就匆匆地走了。朱元璋曾是出家人，也曾做过住持，当然知道"轻慢三宝"之罪，遂令停轿，忙上前去向师傅顶礼谢罪。后来，就在他谢罪处建了座寺院，叫灵鹫下院，后成为忠信中学的旧址。明万历元年（1573年），在今高莞丁村后山建灵山寺一座。翌年，又在今和平合水建狮子岩寺院。这3所寺院均属灵鹫禅寺分管，时称"一寺三分院"。明万历二十八年（1600年），明神宗巡游灵鹫禅寺后，将灵鹫下院更名为"龙训寺"。

忠信地区地势平坦广阔，素有"忠信小平原"之称，被誉为"河源第一镇"，也是广东省中心镇之一。忠信虽处新丰江上游，但按新丰江水库116米水位的迁移线，忠信辖地的柘陂、新下、西湖三地仍有242户1194人要后靠迁移。迁移的柘陂村还是革命老区，他们曾输送了10余名优秀教师到广东人民抗日游击队东江纵队参加抗日战争，且成为这支部队的骨干力量；他们还为九连游击队连续输送了两届小学毕业生，其中有40多人成为九连游击队的主力，为中国的解放战争作出了应有的贡献。在社会主义建设时期，为了东江中下游两岸人民群众的生命财产安全，在建设新丰江水库过程中，忠信移民毫无二话就告别了自己祖祖辈辈建造的家园乐土，迁移他处，重建家园。如今，他们还在脱贫奔康的道路上奋勇前进。

第二章　不朽的丰碑

　　新丰江水库是国家第一个五年计划中的重点工程，是全国同期建造的22座水力发电站中移民人数超10万的特大工程，是华南地区最大的人工湖，也是广东省唯一一座库容量139亿立方米、总装机容量29.25万千瓦的特大型水电站。

　　由于缺乏建设经验，新丰江大坝仅按抗震能力6度设计施工。水库蓄水发电后，因地表压力过大，1960年7月、1962年3月先后发生了震级为6级以上的强烈地震，大坝和厂房都产生了不同程度的损坏。为此，先后进行了两期抗震加固建设，后来考虑到可能发生战争破坏等因素，又进行了第三次大坝加固工作，整个建设工期长达11年。

新丰江的传说、梦想与现实

新丰江是珠江流域东江水系中的最大支流，蕴藏着丰富的水资源，新丰江水电站就设在离河源城区6千米处的地方。这里有两座富有传奇色彩的山脉，分别叫亚公山、亚婆山。这两座山一直都是河源城

新丰江大坝截流前的情景（图片来源于东源县移民展馆）

的著名地标，山势逶迤，草木葱茏。两山对峙，形成了上下落差百来米的河谷，激浪滔滔，弯曲崎岖。

相传，远古时期，大江（东江）游来了数不清的海龙，有一

部分的海龙看见小江（新丰江）水是如此的清澈见底，就有部分海龙串进小江，沿江而上，来到南湖之后，见粮田万顷，黄橙色的稻穗在微风的吹拂下，似乎在向它们招手，海龙从来没见过如此壮观的橙黄巨浪，于是爬上稻田，尽情玩耍，一夜之间，把小江下游村民将要收成的粮食践踏得干干净净，惨不忍睹。一时间，小江江畔的村民哭天喊地，筑坛焚香，祷告苍天。浓烈的香火直穿云霄，引起南海观音菩萨的好奇。她驾着云彩来到河源上空，村民的怨气直扑"菩萨心肠"。观音娘娘按住云头，发现是海龙作祟，危害一方，立即调遣海龙王前来处置。海龙王见村民如此怨恨、如此伤悲，就对海龙吼道"你们这些小蛟龙，真是作恶之极"！海龙王一气之下，将这些海龙全都掀上陆地，点化成东江和新丰江两岸大大小小的山脉。

观音娘娘为了防止此类事件的再次发生，也将常在天庭争吵不休的公婆山神调来，令其在新丰江两岸为村民看守庄稼，不得越雷池半步。这就是亚公山和亚婆山命名的缘由。从此，这里便有了亚公山和亚婆山对峙形成的上下落差数百米的河谷。在亚公山和亚婆山的守护下，上述的情形再也没有发生过。

人们为感谢上苍的眷顾，集资在阿婆山下修建了一座亚婆庙，并特铸数米高的观音娘娘的神像放在亚婆庙的右侧，四时祀奉，消烦化怨，抚慰心灵。

千百年来，船工们从韶关新丰、忠信、船塘撑船放排沿江而下，一路劈波斩浪，到了河谷这里，船工们挺拔的身躯都会对着亚婆庙弯腰下拜。船行其中，既惬意又惶恐，一切均由天定。过了河谷，便是一马平川，船工们又会回过头来向亚婆庙再鞠三躬，安抚一下死里逃生的惊悸。

新丰江地处东江中游，自置河源县后，回龙、南湖一带素称河源的小粮仓，自古流传着"无小江米，饿死槎城仔"的顺口溜。河源城便成了东江水道的重要商

亚婆庙（谢晴朗　拍摄）

埠和商品集散地。然而，在单靠水力航运的年代，人们不得不面对绵延不绝的水患。从明末清初至中华人民共和国成立，河源有历史记载的特大洪涝灾害就达21次。据河源县志记载，明万历十年（1582年），新丰江汛溢，水势腾涌，城房冲毁不计其数。河源城的居民在乡绅李焘带领下，搬迁至位置较高的因兵燹而弃置的上城，下城一度荒废。后来人们开始在新丰江和东江交汇处修筑了近2米高2米厚的城墙，挡住洪水的入侵，下城才恢复开市。

沉重的洪灾水患，犹如一把高悬在东江沿岸人民头上的利剑，人们梦想着在新丰江亚公山和亚婆山的峡谷处拦截洪水，使东江中下游的民众减少或免受灾害，还能发电照明，一举两得。带着那个时代的梦想，中华人民共和国诞生，随之而来的是新丰江水电站横空出世。新丰江水电站的坝址便设在了亚公山和亚婆山的峡谷之中，这与人们当年的梦想相吻合，也许，这就是天意吧。

新丰江大型水利枢纽工程是经国家计委立项，并列入国家重点建设项目之一，勘测工作由华东水电工程局广州勘测处负责。

1958年4月3日，国家计委批复同意新丰江亚公山和亚婆山峡谷修建水库的一级方案。1958年4月29日，水利电力部专门成立"新丰江水力发电工程局"，全面负责工程的实施与建设。1958年7月15日，新丰江水库正式破土动工，整体施工分六大块：上下游围堰施工；导流明渠施工；坝基开挖；大坝施工；机房施工；机组安装。

要开展新丰江水库建设工程，摆在人们面前的第一道关就是设计和施工技术问题，当时曾与苏联协商，新丰江工程的设计与技术由苏联提供支持，且还进入了实质性的勘测设计工作。后来由于中苏关系恶化，苏联提前撤走专家，并将一同参与勘测设计的图纸和数据全部带走，之后，还逼我国还债，致使新丰江大型水利枢纽工程，成为中华人民共和国首例边勘测、边设计、边施工的"三边"工程。

在这样的情况下，实施如此浩大的世纪工程困难重重，技术落后、设备简陋、资金紧缺、物资匮乏，施工条件十分艰苦。然而，当初的建设者们并没有被困难所吓倒，而是自力更生，艰苦奋斗，排除万难，独立应对设计和技术问题，全身心投入工程建设。在基础设施简陋、工业基础薄弱、机械设施奇缺的条件下，只能靠投入大量的人力来解决问题。在新丰江水库建设高峰期，参与人员超过了2.7万人。一时间，河源城及周边的人口增加了一倍，新丰江畔机声隆隆，人声鼎沸，唤醒了沉睡的亚公山和亚婆山，列车电站发出的光芒，照亮了新丰江畔，河源城也成了不夜之城。

坝基开挖和大坝施工是水库建设的重点工程。大坝施工采取水平分四层，垂直分三块进行浇筑，要求坝体上游部位浇筑块升高速度略高于其他浇筑块，同时，保证混凝土冷却时间及纵缝灌浆。对搅拌、输送、提升的拌和机、机关车、门式机、生产砂、石料等营造布置，采用交叉平行作业，加速了主体工程的施工。1958年10月30日新丰江大坝开始浇筑混凝土，1960年6月基本完成。整个工程共挖土石方155万立方

建坝初期，工人开挖坝基（图片来源于谢晴朗拍自《新丰江水电厂志》）

米，填筑石方8万立方米，浇灌混凝土106万立方米。

新丰江水库的行政管理、施工技术管理和生产技术骨干人员由流溪河水电工程局负责和派遣。

中国人民解放军某部调来一个工兵营，承担进厂公路的修筑和导流明渠的开挖任务。其余人员均由广东省人民政府从广州、惠阳、佛山、汕头、韶关专区各县市组成的"劳动大军"，主要承担碎石卵石开采、上下游围堰填筑、坝基开挖、出碴等工程建设任务。

在施工过程中，新丰江先后3次出现特大洪水，两次冲垮围堰，人与自然展开了一场恶斗，修复围堰，为工程早日完工赢得了宝贵的施工时间。

经过一年多的奋战，新丰江水电站从1958年7月15日正式破土

动工，到1959年10月开始下闸蓄水，只用了1年零3个月过5天的时间。在如此艰苦的生活条件下，用如此简陋的施工机械完成了如此巨大的工程，简直是无法想象的。带着那个时代的美好愿望，靠着那个时代"人定胜天"

用铁丝织成铁笼装上石头，投石截流（图片来源于谢晴朗拍自《新丰江水电厂志》）

的精神，横跨江河440米、高105米、坝顶宽5米的新丰江大坝巍然屹立在人们的眼前。谁又会相信，在当时的历史条件下，如此巨大的工程还是一个边勘测、边设计、边施工的"三边"工程呢？在工程施工的过程中，总体设计与施工细节之间，往往是在不断地碰撞与不断地修正的过程中而擦亮火花，最终工程圆满完成，而且还成功地经受了两次6级以上地震的考验，成为当时全国同时兴建的22座水库大坝中建设时间最短、成本最低、效率最快的"三最"范本。

由于水位上升，地表压力增大，大坝建成三年内发生了两次6级以上的大地震。为此，新丰江水电站还进行了三期后续的抗震加固建设。1960年9月，水电部决定进行新丰江大坝第一期抗震加固；1962年11月，第二期抗震加固工程开始，1965年1月完工，共浇筑混凝土18.4万立方米；第三期抗震加固工作从1965年11月开始到1969年基本完成。1969年9月20日，新丰江水电站整体工程全面竣工，并交付新丰江水电厂管理，这才宣告新丰江电厂专项建设期正式结束。

新丰江水电站厂房设在坝后左岸地面，共有四台机组，第一台机组于1960年9月正式运行。第二、三、四台机组分别于1962年4月、1966年2月、1977年1月发电。总装机容量29.25万千瓦，设计年发电量为10.68亿千瓦时。工程总投资2.1亿元（含移民安置经费3050万元），单位千瓦投资750元，是当时国内同类型、同规模的水电站建设速度最快、工程造价最低的水电站建设工程，也是当时华南地区最大的水力发电站和最大的人工湖，其发电量占当时广东总发电量的一半多，故有"河源错接一条线，广州黑暗一大片"的顺口溜，为当地的社会主义建设作出了一定的贡献。新丰江水电站一直是广东省电网调峰、调频的主力水电站。

总之，新丰江水电站的整个工程，历时11年。正如河源电视台记者巫丽香所写的那样——

这11年，是一部劳动者战天斗地，敢叫日月换新天的壮曲；

这11年，是10.6万新丰江沿岸人民远离故土，辗转漂泊的离歌；

这11年，是令人肃然起敬的集体主义高扬的国家记忆。

新丰江的传说已成过去，新丰江的梦想已经实现，新丰江的现实已化害为利，万绿湖取之不尽用之不竭的财富，造福着社会，造福着人民。

抢修围堰，英雄陨落

蜿蜒的新丰江，自河源西北部向东南方缓缓流荡，长长的数百里水路，在河源市区打了个大大的"Ｓ"形，把槎城一分为二，给这里留下了取之不尽用之不竭的生命之源，也留下了复杂多变和惊心动

抢修围堰（图片来源于谢晴朗拍自《新丰江水电厂志》）

魄的水患事件，更给人们留下了神秘动人的故事和"大禹治水"的人杰。明代李焘，在洪灾到来时带领源城居民开发上城，改造下城，让市民安居乐业。

为了东江人民的安宁，为了适应"大跃进"时期的形势发展需求，在广东省委第一书记陶铸带领下，广东省提出了在第二个五年计划内，全省工业总产值由1957年的32.2亿元提高到1962年的160亿元的战斗计划。为保证计划的实施，全省发电总装机容量必须由1957年的9万千瓦增加到1962年的80万千瓦。在这样的大背景下，新丰江水电站工程被正式列入广东省最重大的工业工程，同时又是最重大的经济民生工程。

新丰江水库的特别之处不仅在于其流域之广、容量之大，更主要的是其建设施工之艰辛，这是一项空前绝后的工程。作为社会主义建设时期的重要产物之一，新丰江水库承载着中华人民共和国成立初期的历史印记，也承载着10万移民的无私牺牲和无数劳动人民的艰辛付出。

在新丰江水库立项时，我国才刚刚完成了国家对农业、手工业和资本主义工商业的社会主义改造。面对一穷二白、百废待兴的现实情况以及迫切要求改变国家经济落后的愿望。在"鼓足干劲，力争上游，多快好省地建设社会主义"总路线的指引下，进入了社会主义建设时期，新丰江水库就是在这一背景下的工程产物。

在物质相当匮乏的年代，面对如此艰难困苦和恶劣的环境，建设者们没有退却，在艰苦的生产生活条件下，他们脚踏实地艰苦创业。由于没有机械设备辅助施工，建设者们只能借助土箕、撬棍和十字镐这些简单的劳动工具，靠手挖肩扛，用热血和汗水甚至是生命来浇筑新丰江这座不朽的丰碑。在施工过程中，先后三次出现特大洪水，两次冲垮围堰，为了保住围堰，人与自然展开了一场殊死搏斗。

　　1959年2月17日，即正月初十，还算是春节期间，年后新丰江畔的第一场雨就降临了，这也预示着新丰江流域的雨季提前到来。连续几天的大暴雨使新丰江上游的水位以每小时0.5米的速度猛涨。为保住围堰，二工区党委副书记肖强、一工区技术员黄慎容，走在工地的最前沿，指挥着广大民工抢救围堰。建设者们奋勇当先，全力以赴，日夜赶着往围堰上增加石料，希望将围堰加厚增高，抵御洪峰的冲击，确保坝基开挖工程的顺利进行。

　　在艰苦的施工条件下，建设者们冒雨抢修围堰已整整六天六夜了，人困马乏，但降雨还在持续。在物资稀缺，机械设备甚少，全靠双手推车，土箕肩扛的"大跃进"年代，人海战术和超强劳动是当时社会主义建设的最切实际也是最能生效的"法宝"。然而，这一"法宝"在大自然的威力下，已显得力不从心了，到2月23日下午5时，洪峰以每秒1070立方米的高速度高强度撕开了建设者们冒雨洒汗筑成的右岸围堰，围堰的缺口不断向左岸延伸，导致河槽中断，突然下塌，洪水猛冲而过，不到20分钟，上、下游围堰全被冲毁。两道横架的天虹，如被抽去了筋骨，七零八落。围堰上传来声嘶力竭的呐喊："围堰溃堤了！"工地上顿时一片混乱，人们顶着空白的脑袋往岸边冲，每一脚下去都有可能因踩空而滑落。二工区党委副书记肖强、一工区厂房工段女技术员黄慎容同志，还有几十位民工，因塌堰的速度过快，来不及撤离，一同被无情的洪水卷入到一泻千里的洪峰中。落水的人们在黑暗的江水里苦苦挣扎，幸运之人被洪水推到岸边抓住了救命稻草上了岸，有的划拉到身旁的木枝条，顺水漂流了数公里之外颤抖着身子爬上岸。工程指挥部下达了救援命令，围堰下游数千米沿岸，灯火通明，喊声不绝，救人行动持续到天明，而肖强和黄慎容再也听不到工友们的呼唤和哭喊，献出了年轻而又宝贵的生命。

1959年2月23日下午5时，是新丰江水电站建设者们永远也不会忘记的日子，这是建设工地的黑色日子，这是建设英雄陨落的日子。1959年4月30日，水利电力部通报全国水电系统，号召水电职工向他们学习，并追认肖强、黄慎容同志为革命烈

二工区党委副书记肖强（照片由新丰江水电厂办公室提供）

士。广东省人民政府授予他们"革命烈士"称号。

让我们永远记住烈士的名字：

肖强，男，广东省惠阳县人。1942年参加革命，1945年入党，曾在部队担任通讯员、侦察班长、排长、广州市公安总队营长等职务，多次受到领导机关表彰。1949年7月他在指挥解放海陆丰的战斗中，胸部、腿部受重伤。1955年被授予大尉军衔。1958年转业到新丰江水电站担任第二工区党委副书记，牺牲时年仅32岁。

黄慎容，女，来自香港，一工区技术员，牺牲时还未结婚，年仅25岁，几天来连遗体也没有找到，工友为之惋惜，亲友为之

哀痛。

香港的亲戚默默地处理了黄慎容的后事，抱着黄慎容留下的箱子，拖着沉重的步履，慢慢地走出工地，那是慎容姑娘的全部家当。肖强烈士的遗体葬在亚婆山的背面，他的妻儿仍留在工地，继续完成他未完成的事业。

在祭奠英雄时，工友们是这样写的：

洪水肆虐，巨浪滔滔。危急时刻，你挺身而出，抱紧石块，顶浪在前。

洪水退去，一切安好。世间那头，你怀揣梦想，新丰江畔，蛟龙必锁。

安息吧，工友！安息吧，英雄。

你用生命守护的围堰，我们将再次把它垒起。

你未完成的宏图伟业，我们将继续奋斗到底。

永怀英烈，以慰英灵。

致敬，英雄，一路走好！你们的名字将永远镌刻在新丰江大坝这座不朽的丰碑上！

烈士的英雄壮举，大大激发了广大建设者的战斗热情，他们化悲痛为力量，跨急流、渡险滩、爬陡坡，晴时一身水、雨时一身泥，住的是油毛毡工棚、吃的是粗茶淡饭、领的是微薄工资、干的全是粗活力气活。当年流传："水电建设三种苦，风钻、出渣、混凝土；水电建设三件宝，土箕、撬棍、十字镐"。可见当年水电建设者们的艰辛。

经建设者们的共同努力，仅用了26个日日夜夜，被冲垮的上游围堰修复并合拢断流，为开挖坝基提供了强而有力的保障。

1959年5月2日，中共广东省委书记陶铸同志到新丰江工地视察，还询问了烈士的情况，表示了他对烈士的哀悼之情，并对大家说："不要忘记烈士的鲜血，好好工作，争取早日建好水电站，就是对烈士最崇高的敬意"。最后，他亲笔写下"新丰江水电站"六个苍劲有力的繁体草字。

如今我们在新丰江大坝上看到的一米见方的"新丰江水电站"六个大字，就是以陶铸书记字体按比例放大的，这六个大字与新丰江这颗夜明珠永远绽放着光芒。

1959年的那场大洪灾

东江是珠江水系最大的主支流，而新丰江又是东江最大的主支流。两个最大加起来，就不由得人们要对它加以重视了。中华人民共和国成立以后，党和政府

洪水中的河源仁济医院（图片来源于东源县水库移民展馆）

高度重视防洪和水利建设。1952年，还在"抗美援朝"期间，淮河暴发水患，惊动了中央领导。毛主席在丰泽园召见了我国第一任水利部长傅作义时说："傅将军，你是我中华人民共和国第一

任水利部长，拿出大禹治水的法子来，通盘考虑全国的水利建设，想办法化害为利。"水利部长傅作义接令之后，便在全国掀起了兴修水利的高潮。东江沿岸的防护堤就是那时候保护耕地和人民财产安全的产物。新丰江水库正是在这样的背景下提出来的集发电、防洪于一体的工程产物。

以前，东江一直就没有水文记录，自1938年起，东江就有了专门的水文记录。据这份水文记载：东江洪水水位超13米以上的就有12次，给江畔人民的生命财产造成重大的损失。其中1959年6月的那场洪水，就是东江自有水文记录以来水位最高的一次洪水，比平常水位线高出17.57米，完全称得上是一场大洪灾。这场水灾比1936年5月19日的那场洪灾要来得更猛烈，河源下城街道一片汪洋，低洼地方的一楼楼层全被淹没。

据河源市政协文史委原主任古水桂回忆，1959年6月的那个夜晚，天阴沉沉的，闷热难当。远处的闷雷使夜空显得更为阴森可怕。过了不久，一道闪电划破了夜空的寂静，随即雷声大作，地动山摇。呼号啸杀的狂风，像一头挣破牢笼的庞然巨兽，凶残暴戾地张开血盆大口，肆无忌惮地摧毁着吞噬着整个世界。顷刻间，山洪暴发，河水暴涨，发出了震耳欲聋的响声。给新丰江水库建设工地再次蒙上了一层浓烈的阴影。因为这里的建设者们，还没有从2月23日洪水冲垮上下游围堰时的那场惊恐中缓过神来，还没有将悼念英雄的泪水从腮边抹干，今天又要下一场更大的暴雨，这场暴雨会不会再次冲毁围堰？2万多人3个多月的汗水会不会白流？人们心存惊悸。

这场大暴雨从11日夜起整整下了5天。特别是后3天，东江中上游的降水量更大，暴雨来势迅猛，江河水位急剧上涨，交通电讯中断，河源县及河源以下的多数堤围未来得及防守，甚至有的堤围人们还未上堤洪水就已经漫过堤顶。三天的雨量就超过了历史警戒线。据水文资料记录，东江流域的降雨量分别是：龙川为335.6毫米，河源为739.3毫米，观音阁为436.7毫米，岭下为581.3毫米，惠州为516.4毫米。16日18时，惠州东江水位17.57米，比惠州镇地面足足高出5米，惠阳站的最大洪峰流量每秒钟为12 400立方米。由于受东江洪水托灌影响，河源全城整整浸泡了3天3夜。因为浸泡的时间过长，有好几栋泥砖砌成的房屋倒塌，造成家毁人亡的事故。

新丰江没建水库前，河源县城基本上每年都要遭遇水灾，只是灾大灾小之分罢了。古水桂说，原因很简单，就是水源长，集雨面积大。大江（东江）水的源头来自江西，小江（新丰江）水始于新丰连平一带，河源县城正好处于这两江的交汇处，县城这边筑有防护堤，洪水不大时下城、下角一带不会遭淹，首当其冲的是河对面的东埔村、胜利村、和平村一带。

古水桂说："我家住在渔巷丘屋，是城内进水的第一个地方。我家前面的邝屋塘、东门塘有一条直通大江（东江）的渠口，县城受灾往往受东江洪水倒灌造成的，河水要倒灌进城就是通过鱼塘这个排水口进来的。小时候不懂事，总希望能够水浸街，这样学校就会放假，我们还可以放出自己扎的小木排在街道上穿来穿去，有时还能捕到从水塘里漫上来的大鱼，给家人改善伙食。那时，我读小学二年级，下大雨时，我一天跑3次码头，看看河水涨到第几级台阶。我记得这场雨下到第二天，河源县城的水就开始从渠口不断地往上涌，下城、下角半天时间就变成水乡泽国，整整浸泡了3天3夜，直至洪水漫出江边修筑的河堤，水位

河源水浸街，船行街道中（图片来源于东源县移民展馆）

才没有上涨。我们学校放假4天，这4天我过得特开心，天天跟小伙伴们撑着木排在县城来回游荡、打水仗、捕大鱼。我家一层全被洪水浸泡，家人进出全靠我和我哥扎的木排从二楼的窗户出入，撑着家人出去办事，是我最乐意做的一件事。"

接着就有惠州的灾情传来，惠州一带的河堤崩缺口5处，缺口总长315米，损失土石方20 000多立方米，倒塌民房3152间、厂房车间25间、学校课室15间、商店大小门市106间，死亡4人，家具损失1.4万元，冲走家禽家畜无数，冲坏桥梁2座，受灾人口10余万人。沿江一带的农田和鱼塘几乎全部受浸，完全失收近6平方千米，物资损失总值92.26万元。小金口倒塌房屋3521间，河南岸倒塌房屋1000多间，汝湖有大部分房屋被淹塌，80%的庄稼被淹。惠阳农作物受浸5.66平方千米，冲毁房屋2001间。惠阳地区受灾面积157平方千米，受灾农田面积1253.96平方千米，死亡人数60人，受伤人数272人，倒塌房屋11万间，冲垮中型水库2宗，小型水库2宗，山塘731宗，万亩以上的堤围18条，万亩以下堤围7条。当时，新丰江水库正在移民，要移到惠阳的移民，很多都选择走水路，这次要移到望江和九龙的移民正好遇到这场洪灾，他们的家具损失分别达到80%和40%以上。这场洪灾，在东江全线损失总值超千万元，灾情十分严重。

特大洪水发生后，各地人民政府迅速组织了10余万人的抗洪抢险队伍，与驻惠官兵携手合作抗洪救灾，出动了汽艇、水陆两用汽车、军用橡皮舟和200多艘民用木船，转移居民8105户2.51万人，抢救出的财产总值近200万元，有效地降低了人民群众因洪灾带来的经济损失和家毁人亡事件的发生。

东江，人们心目中的母亲河，多少年来，以其恢宏磅礴吐纳着天地灵气，使之峥嵘深邃，茫茫幽远；多少年来，以水的神韵和温柔，养育着一代代善良纯朴、勤劳勇敢的赤诚儿女，传颂着一曲曲坚韧不拔、自强不息的生命之歌。然而，东江"暴怒"起来，给江畔人家带来的是劫难和清贫。

这次洪灾后，人们更加期盼新丰江水库快点建成蓄水，以减轻东江洪灾的压力。为此，广东省委省政府决定从广州、惠阳、佛山、韶关专区再次增派民工参与新丰江两岸碎石、河槽砂卵石的开采、上下围堰土石方的填筑以及坝基开挖等工作，加快新丰江水库的建设速度，争取早日下闸蓄水，防洪发电，造福人类。

"伟大的传奇"与"不朽的丰碑"

新丰江发源地为粤北新丰县云髻山麓。河流干流长163千米。此外，还拦蓄林石、连平、大席、忠信、船塘等大小共10多条一级支流的水量，流域面积5980平方千米。新丰江流域地处亚热带区，气候温和，位于河源市市区的西部。随着河源市城区的不断拓展，新丰江水库已与河源市区连为一体，库内的万绿湖、镜花缘、桂山已成为市民娱乐休闲的场所以及来自全国各地游客旅游观光的圣地。

一位出生在庄田的老干部回忆说，建水库时我12岁了，亲眼目睹了新丰江水库建设的全过程。想想当年，这里还是一片荒芜，高山峡谷，荆棘丛生，当地人称之为"狗都不来拉屎的地方"。人们不会忘记那场轰轰烈烈的战天斗地的场面。

施工初期，国家水电总局调来列车电站解决用电问题。广东省和河源县负责及时供应钢材水泥、林竹材料等物资。中国人民解放军某部调来一个营的兵力，用一个月的时间修通了约5千米长的进场公路。建筑工程队，盖起了20万平方米的临时和永久性房屋。永久房屋计有办公楼1100平方米和300平方米的干部职工宿舍，其余均为在干打垒墙面上盖油毛毡，墙壁为竹织批荡的临时性住房，作为职工和民工宿舍以及各工区、各附属厂队的办公用房。分布于2.5平方千米的左右岸山坡上和下游的双下和庄田大队。虽是油毛毡房居多，但放眼望去比起先前的荒芜、冷落要热闹、壮观百倍千倍，把河源城扩大了三倍。

随后，从广州、惠阳、佛山和韶关各专区以团、营、连为单位的二万余民工，浩浩荡荡"开进"了水库建设工地，承担起左右岸碎石、河槽砂卵石的开采、上下游围堰土石方的填筑和坝基开挖等工作；从广州市各建筑公司调来的人员及流溪河水库工地转移来的技术工人，承担起木模、钢筋的制作与安装以及大坝、厂房混凝土的浇筑工作；从香港、澳门回来参加工程建设的技术工人分配到机械维修制造和起重运输等部门工作。一时间，亚公山、亚婆山下车来车往，人来人往。工程均分三班工作，昼夜施工，灯火通明。1959年，围堰合围前，工地人数高达2.7万人，比当时河源县城的人口还要多。晚上，不是左岸就是右岸还常有免费的电影看，在工地中心区内，即现在新丰江公园一带的空地上，还搭了个临时影剧院，常有省市县大剧团来慰问演出。节假日，这里就更热闹了，体育比赛、文艺演出、游园活动令你目不暇接。这个时候就是我们最热闹最开心的日子。

为了新丰江及东江中下游民众的安澜，为了实现广东的第二个五年计划，工程建设者们无私忘我，艰苦奋斗，锐意进取。以对党和人民的绝对忠诚，用鲜血和汗水书写壮丽的治水篇章。工程从1958年7月15日正式动工至1959年10月20日水库下闸蓄水，总共耗时才1年零3个月过5天，即455天，从正式动工到1960年6月15日新丰江电厂一号机组发电运行，才耗时695天，新丰江畔就形成了全国闻名、华南地区最大的人工湖，广东省最大的水力发电厂，这一壮举，震惊了国民，撼动了世界。

1965年5月30日，朝鲜民主主义共和国电气、煤炭工业省副相、朝鲜劳动党中央候补委员金丙三率领中朝鸭绿江水力发电公司朝方监理理事代表团一行8人，由广东省水电厅厅长刘兆伦、省水电设计院院长陈灼陪同到新丰江工地考察、学习。当他们了解到工程从动工到水库下闸蓄水仅用了455天，直到1号机组发电也只用了1年1个月时间，个个都目瞪口呆，感到不可思议。当他们得知整个工程基本都是靠人工开挖，共消耗土石方155万立方米，填筑石方8万立方米，浇灌混凝土106万立方米时，个个都伸出大拇指，夸赞施工人员的伟大。金丙三说："这是一个伟大的传奇"。

新丰江水库是广东省目前最大的水库，其淹没高程118米，迁安高程120米。移民之多，库容之大也是闻名全国。水库集雨面积5890平方千米，控制流域面积96%以上，年平均降雨量1800毫米，多年平均流量192立方米每秒，设计年平均进库水量60.55亿立方米。库容总量139亿立方米，相应库容108亿立方米。水电站装机容量也是整个华南地区最大的，总装机容量达29.25万千瓦，共有4台机组，年发电设计为10.68亿千瓦时，年平均发电量8.19亿千瓦时。

新丰江水电站自建成到机组运行至今，已经整整60年了。60年来，新丰江水电厂的机组运行十分正常，少有停电事故的发生，有时励磁机定子会出点小故障，这引起了国内外水力发电部门的广泛关注。1989年10月18日，法国阿尔卑斯电厂总厂厂长、总工程师和

1989年10月18日，法国阿尔卑斯电厂厂长、总工和电厂厂长于诚朴（中）在研讨励磁机定子（图片来源于谢晴朗拍自《新丰江水电厂志》）

新丰江电厂厂长于诚朴曾在一起研究过励磁机定子。他们研究的结果是——用可控硅励磁装置代替励磁机比较安全。因此，1991年1月后，新丰江的所有发电机组，先后取消励磁机，更换为可控硅励磁装置。

广东粤电新丰江发电有限责任公司副总经理詹华告诉我们，新丰江水库担负着两大功能：

从发电功能看，新丰江水电站自建成投产后，便担负起广东电网基本负荷任务，发电量占当时全省的一半左右。如果新丰江电站有一台机组因为大小维修或故障停止运行，整个广东电网供电就会非常紧张，牵一发而动全身。20世纪70年代，电站持续担负基本负荷任务，兼调峰、调频任务。随着广东较大容量的电站相继投产，电站的发电任务逐步过渡为担任调峰、调频任务为主；90年代，新丰江电站成为广东电网调峰、调频的主力电站。电站累计发电402.8亿千瓦时。4台机组全部投产，平均每年发电8.74亿千瓦时。

从防洪、航运、灌溉、压咸、供水等辅助功能看，新丰江水库具有完全多年调节性能。建库以来，最高水位116.77米，相应库容110.64亿立方米。当东江流域发生洪水时，新丰江水库对下游防洪起着举足轻重的作用，使东江中下游减轻水灾。如新丰江水库未投入使用前的1959年6月发生洪水，东江中下游就有25座以上的堤围浸顶或冲缺，受浸农田面积达948.67平方千米，河源城区一片汪洋。1966年6月发生了同样大的洪水，由于水库将进库流量6570立方米/秒的水全部拦蓄，只放出320立方米/秒的发电流量，东江中下游的堤围安然无恙。河源城区再也没有遭到洪水浸泡的困扰。每到秋冬枯水期，经新丰江水库调节流量，可将东江枯水流量35立方米/秒调节到140立方米/秒以上，改善航道约300千米，使通航能力由2万~3万千克提高到20万~60万千克，大大提高了航运交通能力。就灌溉、压咸而言，通过新丰江水库调水，可使中下游400.2平方千米农田受益，同时还可以起到压退河口咸潮上涌的作用，使下游三角洲的农田和居民生活用水得到改善。

随着工业的不断发展，很多地方的水资源都受到不同程度的污染，用水告急现象时有发生。为了保存新丰江这一泓清水，1990年7月1日，广东省委书记林若亲自视察新丰江水库，并对陪同视察的河源市委市政府的领导、新丰江电厂的领导说，一定要保护好万绿湖的水资源，这对保证香港、深圳、广州、东莞、惠州等地的供水起着极其重要的作用。林若书记的指示十分明确，就是要求河源市委市政府再穷再难也不能在新丰江流域随便引进有污染的项目和发展其他有污染的产业。为此，河源人民作出了巨大的牺牲，放弃了10几个投资逾10亿元的赚钱项目和3个投资上亿元的有前景的养殖业。这就导致了河源市工业经济薄弱，农业经济落后，经济总量特小的一个主要方面。建市20年来，河源市经济一直处于全省"后无追兵"的地位，这跟我们保证万绿湖一级地表水的标准有着极大的关系。

1993年5月1日，国务院副总理邹家华，在广东省省长朱森林的陪同下视察了新丰江库区，并深入基层和新丰江厂房了解生产情况。当他得知，河源市为了保持新丰江水库国家一级地表水的标准而放弃了很多赚钱的项目和有前景的养殖业时，他高兴地说："万绿湖在如此工业革命的大背景下，仍能保持国家一级地表水的标准，使之成为取之不尽用之不竭的生命之源。可以说，这是河源人民用牺牲精神铸就的不朽的丰碑"。

新丰江水库属完全多年调节性能水库，调洪库容31亿立方米，自水库开工建设至今，已整整过去60年了。60年来，这一大型水利枢纽工程，充分发挥其强大的综合效益功能，服务当地，造福人民，取得了一定的社会效益和经济效益，为广东国民经济发展和广大民众生产生活用电作出了重大贡献，同时也为珠江三角洲及香港地区的广大民众提供着取之不尽用之不竭的生命之源。

20世纪60年代的那两场地震

　　1960年7月18日，水库蓄水位上升到90米时，新丰江库区发生了烈度为6度的较强地震，当地的民房出现了倒塌和迸裂以及个别山体出现滑坡的现象，新丰江大坝却安然无恙，成为世界上第一座经受6级强震考验的超百米高的混凝土大坝。

　　新丰江大坝原是按抗震能力6度设计施工的。幸而1959年10月20日蓄水，11月下旬便录得有地震活动的情况，次年5月，水库蓄水到81米时，发生了三四次3级以上的有感地震，到1960年便出现了与设计抗震能力6度设防的极限。这次地震引起了国家计委、建委和水利电力部高度重视。为确保大坝及下游数百万人民生命财产的安全，有关部门紧急召集全国地质、地震、水工结构等方面的专家，专题研究新丰江大坝的安全防护措施。国家领导人也极为关注，指示中国科学院和水利电力部组织有关人员到现场调研，采取防患措施，确保水库安全。

1960年9月，水电部决定对新丰江大坝进行第一期抗震加固。加固办法主要是用"人字斜墙"将各支墩联接，以增加横向稳定，标准按抗震裂度8度设防、9度地震校核；厂房按7度地震验算。第一期抗震加固工作从1961年3月12日开始，1962年5月结束。

正当第一期大坝抗震加固工作即将完成之际，1962年3月19日4时18分，新丰江库区又发生了震级为6.1级、裂度为8度、震源深度为5千米的强烈地震，震中就在大坝下方约1千米处。在极震区造成了人员伤亡和房屋倒塌事故。坝区内的双下村、三台三、亚婆山之间的新丰江沿岸一带，房屋毁坏90余间，严重迸裂的1500余间，占房屋总数60%至70%，其余房屋均不同程度地遭受损失，可以说无一完好者。钢筋混凝土建筑物及新式房屋也多有裂缝。河源城镇内的楼房及平房多有迸裂，局部倒塌有1200多间，严重破坏2400间，损坏7000多间。此外，还出现地面裂缝、喷水冒沙、小型山崩、孤石滚动等自然破坏现象。新丰江水库大头坝右岸13~17号坝段108米高程处发现水平裂缝长达80余米。

这次地震超出了原按6级地震设防的标准，幸而先期进行了第一期抗震加固工作，否则，后果不堪设想。这一次地震，再次引起了有关各方的高度关注。1962年3月26日，水电总局张昌龄总工程师带领10余名专家赶到工地检查；5月，水电部在北京对新丰江大坝再加固问题进行专门研究。会议决定：大坝按10度地震设防，厂房按9度地震设防进行加固维修。

1962年11月20日开始进行第二期抗震加固工程。同日，首任中华人民共和国水电部部长傅作义、广东省省长刘田夫亲自到新丰江水电厂参加第二期抗震加固工程的开工仪式。在开工仪式上，傅作义指出，这是百年大计的工程，事关千百万人民福祉的工程，绝对马虎不得，一定要保质保量完成。仪式结束后，他还询问了工程技术人员具体的加固措施，对坝体空腔43米高程以下部位用混凝土填实，增加抗滑稳定，左岸和右岸在坝后斜贴混凝土至90米高程的加固方案表示支持和赞赏。

1964年6月15日至19日，东江一带发生了百年难遇的大洪灾，洪水泛滥，山体滑坡，堤坝损毁，一片汪洋。可这次洪灾损失远没有1959年那场洪灾损失大，甚至连河源下城都能平安渡过。正是因为新丰江水库锁住"新丰江巨龙"，才减少了东江中下游的洪水损失。是年秋中南局书记、广东省委书记陶铸在新丰江视察库区移民情况时，还特意附加了一个小行程，到新丰江大坝看了一小时抗震加固工程，并指示，一切要按科学规律办事，保质保量完成设防加固任务，确保东江中下游的安全。

1965年3月在新丰江第二次科研会议上，根据3年来各有关部门进行大规模的科研工作，地震观测已积累的大量资料，对地震趋势作了研究分析，认为原定10度设防标准偏高，需要适当降低。根据多数人意见，同意广州水电设计院提出的按9.5度地震设防并与百年洪水位116米组合，厂房按9度地震设防加固。第二期抗震加固工程于1965年7月完工，共浇筑混凝土18.4万立方米。

为了东江沿岸人民的安全，大坝虽经两期抗震加固，但考虑到将来可能发生战争破坏，或有更大的地震和4号机组安装等因素，仍需要增设更大的泄洪设施。为此，新丰江大坝进行了第三期抗震加固工程。这次加固又称人防工程，加固内容为：全部封堵大坝下游侧颈部空腔和第一期加固的人字撑墙连为一体，组成前沿厚墙，以防头部破坏，并开凿左岸泄水隧洞，作为非常规情况下加大泄洪能力和必要时放空水库的救急措施。第三期抗震加固工作从1965年11月开始到1969年基本完成。大坝大头加固，共浇筑混凝土3.4万立方米；增建泄水隧洞，共开挖土方17万立方米，石方13.1万立方米，石方洞挖8.2万立方米，浇筑钢筋混凝土2.8万立方米，耗用钢材132.4万千克，固结及帷幕灌浆4200立方米。这次大坝加固后，新丰江水库大坝在正常水位的116米高程时，其抗震能力可达到9.5级的震度。

1985年12月16日，国家地震局局长安启元等人到新丰江水电厂检查大坝防震减灾工作，看了地震观测资料后，对新丰江大坝的抗震加固工作表示满意。

现在看来，当年建立在科学观测、分析、研究基础上适当降低10度防震的决策是正确的。50多年来，新丰江地区没有发生大于8度的地震，并经受了高水位的考验。新丰江大坝经过三期抗震加固后，是安全的，完全可以正常运行的。

东深供水，造福万民

1963年，香港遭遇百年一遇的大旱，淡水资源匮乏的香港变成了"死港"，到5月2日，香港政府将供水时间减为每天4个小时，这就出现了大批妇孺挑着水桶到几十千米外的山洼地寻找水源烧饭、洗衣，供水车每到一次，就会出现轮候担水的混乱局

香港市民寻找水源场景（图片由东深供水有限公司办公室提供）

面，各地均由香港政府派出警察维持秩序。到6月1日，旱情更为严重，香江断流。香港政府又将供水时间减为每4天供水4个小

时，几百万同胞陷入了生存危机：人们无饮用水、工厂倒闭、农田减产，香港市民怨声载道。为缓解水荒，香港政府征得广东省人民政府同意，租用多艘油轮，往珠江口抽取淡水。隔江相望的深圳也同样出现水荒，只不过景况没有香港那么糟。

香江断流，港深水荒，牵动着中南海国家领导人的心。日理万机的国务院总理周恩来出访非洲后返程时，特地于1963年12月8日下午到广州，在广东省委书记陶铸家中，听取了广东省人民政府有关部门领导关于石马河东深供水工程方案的汇报后，当即表示批准，并指示由国家拨款3584万元，作为援外专项项目列入国家计划。他说："供水工程由我们国家举办，应列入国家计划，作为援外专项项目，因为香港95%以上是自己的同胞。"同时还指示有关部门尽快组织人力物力，加快工程速度。3584万元，在今天看来，就是一个不打眼的小数目，但在20世纪60年代那个特殊时期，这却是一笔巨大的资金，比新丰江水库10万移民的安置经费还要多534万元。因为当时国家刚刚经历过"大跃进"运动，农业生产又迎来了连续3年的自然灾害，整个国家可说是百废待兴，处处要钱治理的非常时期。然而，就是这样，我们还是举国家之力，成东深供水之功。

1964年2月，广东省成立"东江—深圳供水工程总指挥部"，东深供水工程正式动工，下设8个职能部门，2万余人参加项目建设。工程从东莞桥头至深圳三叉河，全长83千米，分深圳、凤岗、塘马、桥头等4个工区同时施工。在周恩来总理的关怀下，全体员工战天斗地，日夜施工，让江水倒流，让高山低头，且还经受了多次台风暴雨的考验。该项目还动用了全国14个省、市和广东省等近百家工厂赶时制造各种机电设备，交通部门专为东深工

1964年2月，东深供水工程建设（图片由东深供水有限公司办公室提供）

程所需设备、物资及时运到工地而大开绿灯。在全国人民的支持下，沿途建有旗岭闸坝、旗岭渡槽、桥头抽水站、竹塘抽水站、塘厦抽水站、上埔抽水站、马滩抽水站、雁田隧洞等，仅用了11个月时间，硬是将东江水搬到高耸的深圳水库，东深供水工程全面竣工，创造了广东省水利建设史上的奇迹。

1965年3月1日下午3时，这是一个载入史册的时刻，在无数期盼和祝福声中，东深供水工程正式向香港供水。从此，多情的东江水穿山越岭，带着祖国人民的深切关怀，滋润着千万香港同胞的心田。之后，广东省人民政府又对这条供水链条进行了一期扩建、二期扩建和三期扩建，并美化绿化净化了沿途的供水环境，确保了深港供水用水安全、社会稳定和经济繁荣。

今天，当你站在东深展览馆红楼前周总理的汉白玉雕像旁，看到周总理那慈爱又安详的目光，正欣慰地注视着繁荣昌盛的深港大地的时候，你一定还会为周总理对港九同胞的无限深情而深深感动。

改革开放以来，广东珠三角地区成为全国经济最活跃的地区之一，而珠三角地区的经济重心，则集中在东部的东江流域及供

二期扩建工程——塘厦抽水站全景（图片由东深供水有限公司办公室提供）

水区内，由东江提供水资源保障。此外，东江还肩负着流域外香港（近八成用水来源于东江）和深圳的供水重任。因此，东江水资源的开发利用强度大，开发利用率非常高，超过30%以上，逼近国际公认的警戒线，是全国开发利用强度最大的江河之一。由于东江水资源的开发利用强度大，导致东江各种问题日益突出——枯水期流量锐减、咸潮上溯、生态恶化、东深（港）供水出现困难，严重影响流域供水安全和生态安全。进入21世纪后，为了用水安全，河源市境内的两大省属大型水电站——新丰江水电站和枫树坝水电站已从发电为主兼顾防洪的功能转化为以防洪、供水为主兼顾发电功能，最先承担这一功能的就是库容量最大的新丰江水库。

这一改变，就要从2004年与2005年的冬春之交说起。这一时段因东江流域降雨小，东江干流惠州段流量骤减，东江惠州博罗断面最小日均流量为117立方米/秒，是多年平均流量的1/7左右。由于水位低，惠州市自来水厂无法抽水，严重影响城市供水和市民生活。同样的时间，类似的情况也出现在东江下游的东莞市，由于东江水位低，咸潮大举入侵，越过东莞自来水厂，咸度最高达1855毫克/升，超标（国标250毫克/升）6倍以上，只好暂停取水，导致东莞大面积低压供水甚至停水，严重影响工商业和市民生活。由于流量减少，咸潮不断上溯，东江流域其他地区的供水和生态也受到不同程度影响。

相关水利专家指出，东江的问题，归根到底是开发过度，超越河流的承载能力造成的。为了解决东江水安全问题，最核心的是控制水资源开发总量，提高用水效率，实施最严格水资源管理制度，控制用水、节约用水和保护水资源。经专家推算，在对东江流域内的新丰江、枫树坝、白盆珠等控制性水库按照防洪、供水、发电的顺序进行联合调度、优化运行的前提下，正常来水年份可供东江河道外分配使用的年最大取水量为106.64亿立方米。这样就要求这三大水库，尤其是库容量最大的新丰江水库，必须严格按照防洪供水为主兼顾发电的功能进行生产。

为了控制用水、节约用水和保护水资源，近年来，河源东江流域和新丰江流域先后拒绝了500多个投资总额超600亿元的高耗水、重污染的工业项目，同时关闭养猪场1600多家，关停非法采砂点160多个，有效地保护了东江水资源。新丰江水和东江上游之水，长期保留着国家一级地表水的标准，确保了多情的东江水流进深圳，流进港九，结束了香港长期缺水的历史。

正如东深供水局局长叶旭全创作的《多情东江水》歌词那样：

清清的东江水，日夜向南流，流进深圳，

三期扩建工程——人工渠道（图片由东深供水有限公司办公室提供）

流进了港九，流进我的家门口。清清的东江水，日夜向南流，流进深圳，流进了港九，流进我的心里头。东江的水啊！东江的水，你是祖国引去的泉，你是同胞酿成的美酒。一醉几千秋，一醉几千秋。

清清的东江水，日夜向南流，翻过了高山流过了田畴，流上深港楼外楼。清清的东江水，日夜向南流，翻过了高山流过了田畴，流上深港楼外楼。东江的水啊！东江的水，你洗练了东方之珠，你滋润了同胞亲友，多福又多寿，幸福乐悠悠。

东江水洗濯了东方明珠——香港，更催生了一个共和国的宁馨儿——深圳，她承担着香港用水的80%和深圳用水的90%，向世人展示了宛如一叶扁舟的小渔村在改革大潮中如何神话般成为一艘巨轮的过程。

每当东江告急、深圳水库告急、香港木湖抽水站告急，人们最先想到的就是库容量最大的新丰江水库，并要求其加大泄洪量，以此来保证深港惠莞的供水量，以造福千万民生，你能说这不是一座"不朽的丰碑"吗？

万绿湖的旅游开发

在新丰江水库设立旅游区的构想，最早始于1983年的5月。"五一"节过后，河源县委县政府的领导正在为发展河源县域经济

新丰江水库（又称万绿湖）（图片来源于百度网）

谋篇布局，这个构想首先摆上了县委县政府的议事日程，并向省委省政府提出了新丰江水库对外开放旅游的要求。1984年3月，时任广东省省长梁灵光一行到新丰江库区调研，碧波浩瀚的湖水，在微风的吹拂和阳光的照耀下，万顷碧浪，波光粼粼，深深地打动了梁省长的心。同年6月7日，广东省人民政府正式复函批准将

新丰江水库开辟为对外开放的旅游区。为保护水电站和大坝安全，文件规定：以新丰江大坝为中心，以下1000米，以上2000米为禁区，不对游客开放。

从1984年广东省人民政府批准开发新丰江水库旅游区到1994年10年间，新丰江水库旅游开发仍停留在文件的字眼上。对于负责库区发展的新丰江库区移民管理局来说，带领移民建民房修校舍、种果茶造林木、养肥鱼饲小虾、修筑林区公路，方便数万库区移民出行等生产生活才是他们的头等大事，无暇顾及库内遍地的美景。

1994年7月15日，河源市副市长廖曙辉、南湖旅游公司丘伟平等人登上奇松岛之前，新丰江库内的旅游景点，除了这个叫"得绿寨" 和一个叫"千岛山庄" 竖起的一座13.8米高的"送水观音" 是景点的标志性建筑外，在1600多平方千米的山水间几乎是一片空白。这次登岛，廖曙辉鼓励南湖旅游公司在奇松岛上"拓荒"，"给新丰江水库旅游开发做个示范"。养在深闺的新丰江水库旅游开发，从此才正式掀开它的绿盖头。

1994年11月4日，新丰江水库旅游推介会在奇松岛"得绿寨"的一艘游船上举行。名为推介，参会者只是河源市、东源县、源城区的相关领导。这次会议，确定了将水库旅游开发权切割给东源县，地理归属源城区的新丰江大坝不再开放游船线路。这使得新丰江水库旅游始终保持"一个码头"出入，"一个口子"管理，避免了多头牵扯的局面。当月下旬，在东源县委班子会上，面对递交上来的一堆关于绿色的词组，县委书记丘如九一锤定音：新丰江水库旅游景区名叫"万绿湖"。

1995年7月15日，由东源县党政领导干部6人组成的万绿湖风景区管委会正式挂牌成立，办公室从县委大楼挪到了新港镇粮食仓库。当时的管委会家徒四壁，是管委会副主任赖新友将家中的房产证抵押给了县财政局，借取了10万元的财政周转金。他们用这笔资金将三间办公室粉刷了一遍，在临时码头上搭起了一个小木棚，作为收取门票的营业厅。当天，工作人员在小木棚上售出了151张门票共2265元，这是万绿湖对外开放的首次收入。之后，他们的第一件事是在河源大街小巷打广告，宣传新丰江水库就是万绿湖；第二件事便是在惠州打广告，招牌是"万绿湖——华南第一湖"。

为了进一步宣传推介万绿湖，他们联合《河源报》先后推出了6篇有关万绿湖开发建设的文章，又将宣传覆盖到省城，引起了羊城晚报社的关注。时逢广东省中国旅行社改革重组，决定做大"国旅假期"品牌的广东国旅与羊城晚报社达成一致意见：把养在深闺的河源万绿湖推出去。

不久，羊城晚报社主任记者程晓琪以及省国旅一行4人便来到了河源。他们与万绿湖管委会接洽后，租了一艘农用船，绕湖面、登小岛、拍镜头，不时地发出"太美了"的赞叹声。他们很快推出了5篇报道：《东源万绿湖，绿得寂寞》《万绿湖，将与寂寞告别》《万山称得绿，碧水匹瑶池》《美丽万绿湖，换来同心曲》《爱心解寂寞，万绿有人踪》。这一系列有关万绿湖的报道，让世人发现了万绿湖的美。其间广东省"国旅假期"还向东源县政府捐资50万元，用于建造旅游观光船，并组成160人的首批爱心观光团畅游万绿湖。这种以新闻和旅游扶贫的方式，一夜之间，万绿湖"横空出世"，声名鹊起，游客蜂拥而至。

万绿湖的热闹，很快就引来了有识之士的反对声音，广州一家媒体刊登了一篇《莫把水缸搞浑》的社论，直指万绿湖开发有污染东江水源之忧。为此，引起了河源市委市政府的高度关注，他们从生态旅游规划、环境保护措施、发展移民生产等方面进行阐述，形成

镜花岭（图片来源于百度网）

了万言宏篇报告递交给该媒体。一场质疑的笔战宣告结束。随着得绿寨、千岛山庄、伏鹿岛、镜花岭、水月湾等景点的相继建成，构成了逐渐壮观的万绿湖景点。到1996年，万绿湖以全年6万人次的游客量刷新了万绿湖的纪录。

就在当年，新丰江国家森林公园总体设计通过了广东省林业厅审批，这份详细的设计也涵盖了森林公园的旅游规划，它将公园划分为五大景区，以国营新丰江水库林场为中心，囊括了周边13.4平方千米的原始次生林以及双江"南越王故城"、锡场"清代一品官员颜检墓"等名胜古迹，融山水、溶峰、峡谷、奇石、人文于一体。这一工程自1997年初，新丰江国家森林公园新安区客货运输码头动工兴建算起，就正式实现着森林旅游事业的梦想。

在新安区码头建设期间，考虑到万绿湖旅游红火的态势，市政府通过数次工作协调，将码头重新定位为旅游客运码头。1998年国庆节，新码头正式开放迎客，它就是今天的万绿湖旅游

万绿湖中的新安码头（图片来源于百度网）

码头。此前的万绿湖临时码头，旅游大巴开进去连尾巴都掉不过头来。新码头建成后，宽敞的停车区可以令车辆自由进退。

1999年，万绿湖管委会与广东省新丰江林管局合并，行政归属东源县管理。自此，新丰江国家森林公园规划与万绿湖旅游开始同心同德，走上了育林、护水，以林为贵，以水为荣的康庄大道。当年的"五一"节，5000多名游客涌进万绿湖，创造了景区开放以来最高的单日游客量。

随着游客量的增加，质疑环保之声也不绝于耳，对水库生态保护的忧思也达到了顶峰。1999年5月5日，广东省人民政府常务会议研究决定，禁止在新丰江水库及其上游河道搞旅游开发。消息传来，河源全境一片哗然。随之而来的是旅行团放弃组团进入万绿湖，河源市区宾馆的入住率由80%骤降至20%，新港镇食府烟断灶冷，土特产街冷冷清清。这对刚刚走上致富之路的新港移民来说更是当头一棒，因为他们更需要游客的捧场。

河源市党政领导立即向广东省人民政府呈上了一份《关于继续允许新丰江万绿湖开放观光旅游的紧急报告》。6月13日，时任市委书记杨华维代表市委市政府就关停万绿湖后的困难与意见向省长卢瑞华汇报。经过一番激烈的"辩解"，卢省长指出了新丰江水库更高的指向，他说："你们现在旅游收入没有多少，省里可以给补贴，让群众发展其他经济，下一步，省里准备用管道将新丰江库水引到珠三角地区，每家每户都有新丰江来的直饮水。你们卖水不更好吗？"这个遥远而广阔的目标，果真在10年之后，成为河源为之努力的美好蓝图。

1999年6月30日，为贯彻落实省政府的决定，广东省人民政府办公厅罗越副秘书长带人来到河源进行调研。经过连续3天的调研之后，以罗越为首的省政府办公厅赴河源调查组拟写了一份处理意见，建议省政府采取半封半闭方案，即撤掉对水质可能造成污染的项目，支持河源旅游发展。对于全封闭方案，意见以"新丰江水库面积巨大，不可能派人站岗放哨，估算补偿金额4亿元以上，费用过高"为由表示不可行。

这份意见最终被省领导采纳，万绿湖旅游业终得以继续。

1999年8月6日，罗越再次到河源，就万绿湖撤掉项目补偿、河源旅游发展推介、进山旅游公路交通规划开展前期工作。他带领省财厅等有关部门的负责人，建立"帮助河源发展旅游工作组"，关闭了奇松岛、伏鹿岛两个景点，上百艘以汽油为动力的

万绿湖中的环保船（图片来源于百度网）

快艇被淘汰，取而代之的是液化气环保船，还关闭了湖区周边的水泥厂，18千米长的万绿湖首条进山旅游公路被开通……为此，省政府投入1.5亿元巨资，补偿和激励河源在保护新丰江水库水质上作出的牺牲。

这场"环保风波"，既是对万绿湖旅游开发的一次最大考验，也向全市人民敲响了环保至上的警钟。"环保"这个现代人的神圣理念，最终使万绿湖旅游开发凤凰涅槃，实现了华丽转身。

万绿湖旅游，方兴未艾，勃勃生机，而它的水质自1999年至今，始终保持着国家一级地表水的标准，就连对水质有着严苛要求的桃花水母，也能在万绿湖中繁衍生息，空气质量也长期达到国家一级标准。万绿湖景区还收获了"广东省环保教育基地、广东省著名商标、广东十大最美湿地、中国优质饮用水资源开发基地、'中国好水'水源地、国家4A级景区"等殊荣。在自然生态日趋脆弱，绿色环境亟待呵护的今天，万绿湖的一泓碧水，是南中国名副其实的经济水、生命水，流进了香港、深圳的千家万户，流进了沿江人民的心田。

万绿湖直饮水工程

新丰江水库（万绿湖）位于河源市东源县境内，地理位置得天独厚，距"珠三角"地区主要城市仅100余千米，拥有华南地区最优质的天然水资源，总库容达139亿立方米，年入库量61亿立方米，水域面积370平方千米，且水质长期保持在国家地表水Ⅰ类标准，被中国食品工业协会授予"中国优质饮用水资源开发基地"称号，是国内罕见的水域功能最高的源头水和"珠三角"地区主要城市最重要的饮用水源区。长期以来，河源人民以高度的社会责任感和强烈的大局意识，始终坚持生态优先和"既要金山银山、更要绿水青山"的发展理念，坚持在保护生态的前提下有效地开发好河源的优质水资源。

如何开发利用万绿湖优质的水资源，促进当地经济发展、早日脱贫致富，是河源市历届领导和有识之士积极探索的课题。

1993年，河源市人大常委会原主任刘煌添和市水利电力局曹鸿利、孔异文等提出了"合理利用万绿湖的水资源，采用管道自流直供港、深、穗和'珠三角'地区主要城市作为饮用水源的规划设想。"这一规划设想提出后，通过水利专家的进一步深入调研发现，随着经济的快速发展，广东"珠三角"地区水源水质受到不同程度污染，尤其是水质性缺水甚至水源性缺水的问题日益凸显，生活饮用水源污染与该地区经济高速发展、人民生活水平迅速提高的现状以及广东省率先基本实现现代化的要求形成巨大反差，利用管道将万绿湖的优质水源输送到下游"珠三角"地区技术可行、社会效益大、经济效益好，项目建设十分必要。1995年，河源市委市政府在广泛调查研究的基础上，正式提出了万绿湖优质水资源用管道直接输往"珠三角"地区的设想，希望能将河源市的水资源优势转化为经济优势。1995—1997年，河源市和深圳市的省人大代表连续3年形成议案提交给广东省人民代表大会，引起各级领导的重视和社会各界的广泛支持，为合理开发利用东江水资源提供了富有开拓性的思路。1997年3月，河源市政府确定河源市城建综合开发总公司作为业主，开展从万绿湖年引水3.5亿立方米用管道输水至深圳（对接深圳东部供水工程）的可行性研究，并委托水利部南京水文资源研究所承担可行性研究任务。经过四个月的紧张工作，完成了《新丰江水库管道供水工程可行性研究报告》编写工作，电力部水利部北京勘测设计研究院也在后期参加了报告的讨论和修改完善工作。1997年8月12日，河源市政府邀请水利部及广东省有关部门专家对可行性研究报告进行评审，评审意见指出：从万绿湖取水直供深圳等城市的供水方案具有创意，是很有价值的方案。建议河源市政府抓住需水市场迅速发展的机遇，以开发万绿湖优质水资源作为改变贫困落后面貌的一项重要战略措施。当时，这一项目也得到了时任省委书记李长春的高度重视，省政府还把这一项目列入到广东省第10个"五年规划"，作为广东省发改委重要预备项目，但当时因各种原因未能上马实施。

2007年，刚履职河源市委书记的陈建华也对万绿湖供水项目非常重视，他在了解了供水项目推进的情况之后，要求河源市根据实际情况，提出要结合专家的意见，重新调整思路，把向目标城市供应生产生活用水变为向其提供生活直饮水，以减少项目的取水量。这一新的工作思路得到了许多水资源专家的赞许，普遍认为这是万绿湖优质水资源开发利用的崭新思路，是一个新的突破。2008年4月，河源市委市政府向省政府上报《河源政务信息》，建议从万绿湖引水作为广佛都市圈直接饮用水水源，加快实施万绿湖至"珠三角"地区城市管道直饮水工程。对此，中央政治局委员汪洋（时任广东省委书记），时任省长黄华华、常务副省长黄龙云、副省长李容根等分别做出重要批示，要求省发改委和省水利厅组织力量研究论证提出意见。河源市委市政府高度重视万绿湖直饮水项目前期工作，于2008年7月专门成立了河源市人民政府万绿湖水资源开发管理办公室（简称市水资源办），专门负责推进万绿湖直饮水项目的各项工作，积极配合省发改委、省水利厅和科研单位开展直饮水项目的研究论证工作。

2008年11月，省发改委、省水利厅联合委托国家级权威机构对项目进行论证。项目主要从《受水城市直饮水需求分析》《新丰江水库（万绿湖）水资源供需平衡和可靠性分析》《新丰江水库（万绿湖）直饮水项目影响评价报告》《新丰江水库（万绿湖）直饮水项目技术经济可行性研究》《新丰江水库（万绿湖）

功能调整及管理体制研究》《新丰江水库（万绿湖）直饮水项目建设对河源市经济社会的带动作用》六大方面进行了研究论证。2009年7月，项目在广州顺利通过由王浩院士为主任评委的专家评审。专家评审意见认为：该项目在长期保护好新丰江生态环境的前提下，具有较好的水资源开发利用条件，对东江流域水资源状况、航运、压咸等方面影响不大，社会效益巨大，经济效益也好，建议尽早立项。同时建议下阶段工作中应开展新丰江库区的水资源保护方案及措施研究、新丰江直饮水工程项目风险研究、受水城市直饮水工程项目的专项论证。根据省领导批示及专家评审意见，河源市组织科研单位深化、完善项目论证，完成了《新丰江水库（万绿湖）直饮水项目运营模式与项目风险研究》及《新丰江水库（万绿湖）直饮水项目长距离输水工程水质稳定性研究》两个专题研究论证，并于2011年12月向省发改委上报了《新丰江水库（万绿湖）直饮水项目建议书》。2012年8月28日，省水利厅委托广东省水利电力勘测设计研究院在广州主持召开《新丰江水库（万绿湖）直饮水项目建议书》专家咨询会，邀请国家水利部、省水利厅、中山大学、省疾控中心等单位11名专家对项目建议书进行专家咨询评估，并形成了评估报告。

项目的推进得到了东江流域各受水城市的积极响应，东江流域的广州、深圳、东莞、惠州等市，把建设新丰江水库（万绿湖）直饮水项目当作是提高本市民众幸福指数的重要机遇，积极参与项目的探索和开发。东莞市于2008年7月11日就与河源市签订了合作开发项目的协议，是四个城市中最早与河源市签订项目协议的，之后，深圳、广州、惠州也先后与河源市分别签订项目合作框架协议，表示全力支持万绿湖直饮水项目，积极参与项目的探索和开发。2012年，根据广州市对新丰江水库（万绿湖）直饮水项目的迫切需求及其他有利条件，河源市把广州市调整为首期供水目标城市。2012年6月18日，广州、河源两市签订了《新丰江水库（万绿湖）直饮水项目工程合作协议》，标志着双方从"协议商谈期"进入启动阶段，两市开始了实质性的对接推进工作。2013年8月广州市完成了《直饮水项目广州段配水工程规划方案》（初稿），河源市也于2014年1月完成了《新丰江水库（万绿湖）直饮水工程河源至广州段输水工程规划方案》（初稿）。广州、河源两市也于2014年4月2日正式成立直饮水项目领导小组。

根据规划，直饮水项目拟分为两期实施，第一期供水目标城市为广州，年供水规模为2.0亿立方米/年；第二期供水目标城市为深圳和东莞，年供水规模为3.48亿立方米/年。从河源供水点至广州增城交水点的供水主管道长约122.6千米，第一期供水工程投资为121.46亿元。根据河源市2014年委托广东省水利电力勘测设计研究院完成的《新丰江水库（万绿湖）直饮水工程河源至广州段输水工程规划方案》，一期工程至广州段，拟采取沿着S244省道及G324国道全线埋管方案(中线方案)，在省道S244与国道G324接驳位置预留分水口，以后分水给深圳、东莞、惠州。

经过河源市委市政府的不懈努力，省政府在2012年12月批准同意市区水源工程取水方案，并于2013年11月正式动工建设。根据河源市的推进思路，直饮水项目将与市区水源工程采取"两洞合一"的方式，从同一取水口取水。河源市区水源工程的取水口及取水隧洞也是直饮水项目的首期工程，对未来直饮水项目的水量，河源市已通过增大隧洞取水口及取水洞径做出了储备和预留，待省里批准直饮水项目立项，即可对接。

2014年12月，按省水利厅的要求并征得市领导同意，河源市委托广东省水利科学研究院开展河源广州两市水权交易及农业节水等相关研究工作，从多方面就直饮水项目的用水指标进行研究。2015年11月25日，广州市、广东省水利厅、河源市三方举行了洽谈会，会议决定：同意河源市每年从万绿湖取水2亿立方米用于直饮水项目供广州市，其中1亿立方米由河源通过节水进行水权交易，另外1亿立方米由广州市从东江分水指标中置换。这是省水利行政主管部门首次对直饮水项目给予了正面具体回应，是推动项目早日立项的重大突破。

直饮水项目的推进大概可以分为三个阶段，第一阶段是1992—1995年，为创意构思酝酿阶段，这个阶段针对项目创意构思，通过调研完成了项目的初步可行性研究和项目初步规划；第二阶段是1997—2016年，为项目研究论证决策阶段，主要是对项目的可行性进行充分的论证研究，为项目决策者提供可靠科学的决策依据；第三阶段是2016年至今，为项目具体落实阶段，按项目建设程序推动项目立项建设。

2016年6月，时任河源市委常委、常务副市长龚国平率河源市发改局、市水务局及市水资源办主要领导拜会省发改委，就项目尽快立项问题作了专题汇报，省发改委于2016年6月22日就项目立项工作函复河源市（粤发改投资函〔2016〕2861号）给予了明确的立项意见、立项清单、立项步骤。这是直饮水项目走向立项的正式"路条"。

按照省发改委的批复意见，直饮水项目立项首先是要先成立项目经营公司。2016年8月河源市政府研究了组建直饮水项目经营公司的初步方案，方案中明确：一是在河源注册成立河源至广州直饮水主管道项目投资建设和运营公司（项目公司暂定名：河源市万绿湖直饮水有限公司）；二是明确该公司股权分配方案：由河源市万绿湖水资源开发有限公司代表河源市控股，占股80%（其中中兴通讯股份有限公司占股12%）；广州市水务投资集团占股17%；广东省水利勘测设计研究院占股3%。三是注册资本金初定1.35亿元，各股东按股份比例缴纳公司注册资本金。按股份比例河源市所需缴纳资本金由广州垫付（根据2015年10月23日两市联席会议纪要）。该方案现正征求各方意见，正在协商推进中。

接下来的工作是按省发改委2016年6月的复函要求（《广东省发展改革委关于新丰江水库（万绿湖）直饮水项目河源至广州首期工程项目立项有关事项的复函》），采用核准制办理项目立项手续。由组建成立的法人单位组织相关单位，按省改发委的复函清单要求逐项完成项目各项前期工作，尽快立项并开工建设。

新丰江水库（万绿湖）直饮水项目的建设，可将河源市丰富优质的水资源转变为巨大的经济优势。河源被称为"'广东绿谷''珠三角'地区的生态后花园"，河源良好的生态环境是全省区域发展的一个重要部分，而直饮水项目的建设正是河源良好生态环境的金字招牌，是一张靓丽的名片。

第三章 移民岁月

　　新丰江水库10.6万移民大迁移工作于1958年6月正式展开。移民分外迁和县内安置。外迁移民均为河源县人口，安置在博罗、惠阳、韶关3地县共26 381人；河源县内安置67 930人，连平县内安置3693人，河源市共移民98 004人，加韶关新丰县8433人，新丰江水库移民达106 437人。由于缺乏移民安置经验，实施了"先搬迁，后安置"的工作方针，水库移民到达安置区后，生产生活遇到了前所未有的挑战，还出现了大规模的移民倒流潮，造成了巨大的社会影响和经济损失。直到改革开放以后，尤其在后期移民政策的扶持下，广大移民自力更生、努力拼搏，生产生活得到了较大改善，移民村落变得越来越好，多数村落的移民已经赶上或超过了当地民众的生活水平。

饱尝心酸的外迁移民

1958年11月，新丰江库区10.6万移民大搬迁正式拉开了序幕，广大移民饱含泪水离开祖辈开创的故土家园，分赴各自的安置区，重建新家，开始新的人生旅程。

清库拆房的场景（图片来源于东源县水库移民展馆）

为确保外迁移民能按时按量迁出库区，移民区按农业社、生产队组建连、排组织，实行军事化管理，乡镇干部实行包干责任制，动员移民搬迁。当时正处于"大跃进"和"公社化"时期，强调"多快好省"四字方针，倡导"一大二公三无私"的价值理念。当时的交通极不方便，运输条件极差，给如此巨大的搬迁工程带来极大的困难。南湖、古岭、立溪、锡场4个乡的外迁移民都地处偏远的山区，除南湖乡靠近新灯线公路外，锡场乡、立溪乡与新丰县、龙门县交界，古岭乡与龙门县的平陵交界，这些地方的移民要到达能通汽车的沙土路少则也有10余千米。限于当时经济和物质条件都处于低水平发展阶段，水库移民的搬迁行动异常艰辛。他们赶着家畜，带上家禽及日常生活用品，挑着锅碗瓢盆、水桶、饭甑等炊具，扶老携幼缓缓前行，行动不便的老人和小孩，则由亲属背或临时搭成轿子抬着，日夜兼程，艰苦跋涉，到达指定的地点候车。

南湖乡搬迁到韶关的移民要将物资挑到2.5千米外的新灯线公路边，人员步行到新灯线公路候车；这批移民的大物件，要先送到回龙码头用船运到东莞石龙码头卸下物件再装入货运火车车厢，火车到达韶关后，再将货卸下转入汽车送达安置点，时间长达5天5夜。由于移民安置方案几经变更，移民搬迁艰辛困苦，到了安置点，家具丢的丢、坏的坏，所剩无几，于日后的生活更增添了新的困难。

新丰江库区移民外迁时的情景（图片来源于东源县水库移民展馆）

饱尝心酸的外迁移民

古岭乡搬迁到博罗县的水库移民，他们靠步行肩挑物资到平陵西门候车，距离平陵近的村庄有8千米，远的达15千米以上。立溪乡的赤岭、水唇、古芬、七坑、径尾村离河源50多千米。因此，搬迁时选

搬运家什的场景（图片来源于东源县水库移民展馆）

择到龙门县的田尾乘车，径尾离田尾10多千米，途中还要翻越佛里凹大山，赤岭到田尾路程达20千米以上。一天要来回两三趟，搬完物资后，又要派人看守，晴天还好，雨天就麻烦了。最后一趟，就是搬迁走不动的老人和孩子。

由于车辆不足、运力有限和信息不通，移民到达了指定的公路边候车时，因车辆没有及时到达，或因物资不能及时运走，只能在公路边餐风露宿，日晒雨淋。搬迁到惠阳平山大岭安置点的立溪乡水库移民，就在龙门县田尾的公路边滞留了3夜4天。

从新丰江水库到惠阳望江和九龙的移民，因车辆不足只能选择走水路，他们在迁移的途中，恰遇1959年6月的特大洪灾，移民们亲眼目睹了沿途洪水发威冲毁围堤的场面，更亲身经历了生死搏斗的惨烈场面。他们所乘的木船犹如一叶孤舟任由洪水抛来抛去，撞岸掐树，每一次撞堤都会发出巨大的响声和发生剧烈的抖动，人在船上坐不安稳，无力的小孩被抛出好几米远，撞得浑身生疼，痛哭不止。他们的家具更是相互撞击，毁的毁，损的损，

多数被抛入浩浩的洪水之中，上岸一清点，他们的家具损失分别达到80%和40%以上。

新丰江水库外迁移民搬迁工作，虽然条件艰苦、工作量大、涉及人员多，但在各部门的大力协助和广大移民的积极配合下，从首批外迁移民搬迁到最后一批搬出库区，仅用了6个多月的时间就完成了搬迁任务，为新丰江水库早日蓄水发电创造了条件，移民们为此作出了巨大的牺牲。那种艰苦，那种惶恐不安，那种揪心酸楚，现在的人是无法体会的。

移民到达安置区后，住的是当地群众废弃的老屋旧舍和灰寮草棚，少则躺上三五个月，有的长达三年两载才进入安置区。安置区也并不是移民的天堂，大多数的安置区都是当地生产生活环境较为恶劣的地方，本来安置经费就少，又恰遇国民经济三年困难时期，移民们可谓是雪上加霜，因此，外迁移民存在的诸多问题很长时间都得不到解决。

河源电视台记者巫丽香是这样描写天井山林场移民生活的：

温传明、曾月恩是南湖乡杨梅村第一批安置到韶关专区乳源县天井山林场的移民。1959年3月，他俩和村里100多个青壮年背着简单的行李踏上了离别故土家园的行程，成为村里移民的开路先锋。离别前，村里特地杀了一头老牛为他们送行。跟在队伍里的曾月恩欢欢喜喜，满脑子是移民工作队宣传的美好前景："在林场做工人，有工资领，不用耕田，是工人阶级，国家工作人员，你们回来探亲时，多到乡府走走，别看不起我们这些农民兄弟哟。"她不知道，3天3夜过后，等待她们的将是另一番景象。他们先是从村子走4个小时的山路到达河源县城，再乘船到东莞石龙，留宿一晚后，搭乘货运火车到达韶关，在韶关火车站留宿一晚后，再转乘客车到乳源天井山林场。如果说三天两夜的行程，消耗了人们出发前对于未知的兴奋和期待，那么到达安置地的情形则是当头一棒，使他们直接从模糊混沌中惊醒。

连绵起伏的山林直插云霄，高崎陡峭。峰峦叠嶂中，一块掌心大的谷地犹如扣立的锅底。没有城镇，没有房屋，没有人烟，站在锅底上，四周滔天的碧绿黑压压地逼仄过来，孤独、惶恐一下子攫住了从新丰江丰饶江岸走来的人们……

面对风尘仆仆的新丰江移民，先到林场的伐木工人放下手中的活计和移民一起砍竹、搭茅棚，在森莽山林中支起了一处处移民安置点。即便如此，温传明和其他村民还是咬牙接受了它。虽然这种接受更多的是被动与无奈，他们也只能把它看成了另一个故乡，建茅房安居、伐木营生，尝试着将根往脚下的土地伸展。

1959年10月，杨梅村第二、第三批村民相继到达，331户1332名移民正式落户天井山林场，这其中也包括部分双江公社等地的村民。他们从世代躬耕的村民，摇身变成新一代伐木工人。温传明在林场其中的一个工区做文书、会计，同来的温杨妹、温进兴则被分在砍伐队，负责上山砍树，每月领取34~37元不等的工资。除了砍伐队，工区还设有营林队、青菜组、苗圃组。如同开创一个新的城镇，上千移民和其他伐木工人一起，开始了筚路蓝缕的艰苦创业。

温杨妹和温进兴每天7点多上山，在苍茫的原始森林里，人类劳动力显得渺小又单薄。伐木声声，响彻云霄。在汗水中昂头，温杨妹看得见野猴、麋鹿、山猪。它们成群结队、亲密依存，身型优美地跃动，比手足无措的人类更适合在密林里生长。另一种动物身型微小，却比山猪更具攻击力，它们在伐木工人之间弹跳，如同跳格子那样，等人们在繁重的劳动中松懈下来，才发现身上全是淋漓的血口子。会飞的山蚂蟥，是比漫漫无期地砍树更可怕的噩梦。在山间就着咸鱼、豆豉酱吃午饭的工歇或

记忆中的南湖乡杨梅亨头（图片来源于东源县水库移民展馆）

是抽着手卷烟的空隙，温杨妹想到了杨梅村鸡犬相闻和坪展开阔的稻田。每想一次，眼里的光芒便黯淡一次。和其他移民对望一眼，他才知道，他们和他一样黯然神伤。

分工协作，严丝合缝，火热的生产裹挟着每一个移民，看上去，日子无风无浪。私底下，却暗流涌动。数百里之外的故土犹如无时不在的山风，在耳边呼呼作响，似乎在向着他们发出亲情的呼唤。

1961年1月1日，在天井山林场度过近两年时光的杨梅村移民，迎来一桩大喜事，温传明和温杨妹同在这一天娶了媳妇，新娘都是同村的女孩子。工区饭堂特地加了菜，在热闹之中，所有的移民都感受到了欢愉。婚礼点亮了生活的灰暗，让他们暂时忘却了繁重的劳作、身体的劳累以及心间隐隐作痛的思乡之情。在新娘醉人的笑容里，大家都觉得，日子就这么在艰辛中走着，结婚、生子、终老，一代一代延续着家族的梦想，将陌生的土地变成深深依赖的家园。

温传明的爱人曾月恩回忆起那段往事时，接过旁人递过的一

支香烟，83岁的妇人，吸烟的姿势仍是利落，她吐了一口烟圈，笑着，欲言又止。也许从移民那一刻开始，柔弱的姑娘就淬炼成了强悍的女子。在移民岁月中，又有多少女子如曾月恩一样，在反复的行走安居中青春不再，理想干枯，只留下意味深长的一声长笑……

在3年国民经济困难时期，市场供应紧张，副食品价格普遍上涨，水库移民的生活更为困难。安置到今惠东县白云村的移民，即今稔山新村的移民，他们劳动力每天配400克米，老人小孩每天配200克米，根本吃不饱。为了填饱肚子，有些移民就到当地群众收了梅菜的田里，去捡被丢弃的梅菜叶充饥。有些老年人、小孩到当地群众收了红薯的田里倒红薯与捡薯藤带回来烘干磨成粉，制成红薯饼充饥；有人甚至到山上采摘花葱叶（又称谷羹叶），炒熟磨成粉掺入米粉或米糠做成花葱糕填肚子，因严重缺乏营养，很多人得了水肿病，生活十分艰难。这样的情景，在当时的移民群体中比比皆是。

窘迫的外迁安置

新丰江水库是中华人民共和国刚刚完成了国家对农业、手工业和资本主义工商业进行社会主义改造后，在"鼓足干劲，力争上游，多快好省地建设社会主义"总路线指引下动工兴建的，它反映了广大人民群众迫切要求改变我国经济落后的愿望，更反映出广大移民和安置区的干部群众大公无私的精神风貌，广大移民为建设繁荣富强的社会主义国家作出了贡献。

当年的惠阳县共安置新丰江水库锡场乡、立溪乡移民1207户5126人。其中梁化公社铺仔村安置锡场乡渔潭、河洞、水口村的水库移民322户1401人，稔山公社白云村安置锡场乡治溪、双门、三门等村的水库移民416户1788人，平山公社大岭村安置立溪乡的赤岭、水唇、古芬、七坑、径尾村的水库移民469户1937人。安置区的土地划拨，个别安置区能达到省政府的划拨要求，多数安置区只达到60%~80%。

新丰江水库移民搬迁正值"大跃进"和"公社化"时期，搬迁前是村民，搬迁到安置区后便成为"人民公社"的社员。人民公社的特点是"一大二公三无私"，办公共食堂是当时的时尚。到达安置区后，移民都在公共食堂集体开饭，甚至洗澡热水都由食堂供应。家家户户没有厨具，纯属"军事化、集体化"的管理模式。

据张东海介绍，安置到惠阳县平山公社大岭村的水库移民，到平山镇后，被当地政府安排在离安置点4千米外的平山镇饭店和市场的楼棚居住。因大岭村安置点的新房建设才刚刚动土，在房子建设过程中，水库移民从库区带来的建筑材料被大量盗窃。白天移民中的劳动力到建房工地劳动，老人、小孩留在饭店、市场，晚上就打地铺睡觉。近2000名移民，男女老少居住在一起，生活极不方便。由于厕所等设施缺乏，他们只能就地解决，当地居民意见很大，连移民自己都有意见，可是没办法，条件就是如此。这种困境，移民们整整居住了半年时间，直到1959年3月，他们才住进安置区。安置区条件也不是很好，始初，一户只能安排住一间10~12平方米的砖瓦房，用餐在公共饭堂，沐浴是在屋檐下搭起的茅屋，且是几户人共同使用。这种居住方式一住又是近两年，直到1960年10月，这批外迁移民才真正住上按移民政策所规定的一户一套面积在45~60平方米的砖瓦房。

当时，移民房的规划设计很不科学、施工质量更不尽如人意，几十幢甲、乙、丙式泥砖瓦房纵横排开，幢与幢之间距离只有2~3米，排水沟渠不畅，到处污水横流，臭气熏天，卫生状况令人担忧。这批移民房大部分是"放卫星"式建筑，一个星期建起一栋移民房，泥砖未干就上墙，没住多久就到处都是裂缝，小裂缝一两厘米，大裂缝六七厘米，且到处斑驳脱落，成为一级危房，移民生命财产安全令人担忧。

这批移民的生活配套设施更是奇缺，近2000人的村庄，只有2个公用厕所，移民收工或饭后，大小便都要排队。全村只有2口水井，取水洗衣服也要排队。挑水浇菜更费力，少则也要走1.5千米才有水挑，生产环境和生活环境十分恶劣。

屋漏偏逢连夜雨。由于这批"卫星房""跃进房"的施工质量差，1961年的一场强台风，惠阳稔山白云村60%的移民安置房被吹垮，移民新村顿成一片废墟，移民的损失极为惨重。面对如此恶劣的生存环境，最后他们只好选择离开，大部分人倒流回锡场的河洞、治溪居住，部分回到新丰县、龙门县，找亲戚、乡亲、朋友寻求落脚谋生的地方。何南喜、古彩眉等17户79人自行选点到连平县田源公社田东大队居住。

1961年台风后惠东稔山重建的移民房（谢晴朗 拍摄）

据移民老人口述：倒流回来后，由于没有户口，当地政府召集我们开会，动员我们返回安置区。就这样我们又返回安置区，重新建房。

韶关市安置新丰江水库南湖乡移民共2612户10 395人。其中，有1177户4662人安置在仁化县的董塘公社境内的国营凡口铅锌矿，有828户3207人安置在曲仁国营煤矿，有607户2526人安置在乳源林业局天井山国营林场。

安置到凡口铅锌矿的移民，到达安置区后，面对的是荒野的草坪，中间还有许多沼泽地。1956年，中央十六冶在这里发现质量很好的铅锌矿，并在此设厂开采。当地群众了解矿上的环境，大多数人不愿意到矿上工作，这批共4600多人的水库移民，便成为开采铅锌矿的主力军。由于外迁水库移民较多，凡口矿来不及做好移民安置工作，在水库移民到达时，只好动员移民自行砍木、割茅草，在矿区规划职工宿舍的地皮上搭茅草房居住。一部分移民一年多后分到矿上单砖夹墩的瓦房，另一部分移民住了两三年茅草房才住上砖瓦房。

安置到博罗县的新丰江水库古岭乡移民共2592户10 860人。其中附城镇树下岭安置287户1254人，新作塘公社新作塘村安置604户2560人，柏塘公社企排安置380户1412人，石坳农场安置349户1829人，麻陂公社艾布安置273户1051人，小金农场安置515户2014人，长宁公社米西岭安置184户740人。他们的安置遭遇同样也不好，生产艰辛，生活困顿，吃不饱，穿不暖。据老人说，博罗县安置的外迁水库移民万人有余，由于安置点安排的人数较多，移民到达安置点后，被安排居住在当地群众腾出来的私人住房、公用厅堂、公共食堂或废弃的房屋、柴草屋里居住。3个

凡口矿的南湖移民房（谢晴朗　拍摄）

多月后按一户一间新住房的标准分配给移民先居住，一年后才住进二三居室的小套房。这批外迁安置的水库移民，算得上是幸运之人了。

直到党的十一届三中全会以后，国民经济发展迅速，党和政府增加了移民安置经费的投入，移民存在的困难和问题逐步得到解决，移民的生产生活逐步得到改善。经过水库移民的艰苦努力，除个别安置点外，大部分水库移民都能赶上当地群众的生活水平，个别移民还成为当地县、镇的致富带头人。

县内搬迁，悲壮艰辛

新丰江水电站建设是在"大跃进"的特定历史条件下进行的，工程采取边施工、边清库、边蓄水、边移民的方式兴建，要求

移民前的农房（图片来源于东源县水库移民展馆）

移民搬迁与电站建设同步进行。为适应工程建设的要求，新丰江库区的县内移民搬迁实行军事化管理，除确实无法长途步行的老弱病残、小孩孕妇及产妇外，其余人员一律按营、连、排、班的建制编排，携带家庭物资行军到达安置区。

移民搬迁时，要求统一时间，统一思想，统一行动。河源县

安置点的分布情况及步行路程，确定分成四路行进：第一路为蓝口、曾田、黄村路；第二路为义合路；第三路为东埔路；第四路为埔前路。各路沿途村庄设立临时接待站和茶水供应站，张贴标语，敲锣打鼓，迎来送往，并配备医护人员一路随行，确保移民搬迁顺利进行。

移民物资搬迁数量相当大，有农具、牲畜、家禽、粮食、种子、家具、炊具等，据估算总载量约19 310万千克。按3000千克位卡车计算，需要6.44万车次。迁出地距离安置区远近不同，近则几十千米，远则上百千米，有些移出区地处边远，山高路陡，水陆交通不便，各种物资要肩挑几十里路才能装车装船。为了加快移民物资的搬迁，广东省委调拨了30辆卡车，其中河源10辆，韶关10辆，广州10辆。按每天60车次、运量12万千克计算，移民

移民的家具家什（谢晴朗 拍摄）

物资要4年多时间才能完成运输任务，如此搬迁，完全不能适应工程建设之要求。为此，河源县委和移民办事机构决定发动群众，除车、船运载外，还发动群众扎竹排、木排自行运送，交通不便的用手推车和人力运送，并尽量做到远的少运，近的多运；好的搬走，差的卖掉；轻的多搬，重的少搬；可卖的卖掉，能带的带走。由于采取了各种措施，移民搬迁中的人财物等均能按时到达安置区。

由于当时移民政策的变化及缺乏搬迁经验，在移民搬迁的过程中，出现了一些问题。如：墩头东方红农业社554户2351人，原移民方案规划他们外迁到惠阳潼湖，1958年10月派出50多人到惠阳潼湖建起了10幢房子，大的农具和家具也用扎成的木排放运了，近100头耕牛，也由陆路赶到潼湖。不久，河源县划给韶关专区管辖，为争劳力，又将这批移民撤回县内安置，建起的10幢房子送给当地，运去的农具、家具就地贱卖，一张新的床只卖得15元，一个箱子仅售得3元，个别移民因怕到了新安置区粮食困难，箱子里藏着稻谷，帮他们卖箱子的移民不知道实际情况，当作空箱子卖掉。

1958年12月中旬，东方红农业社被安置在泥坑安置点的大批水库移民正式搬迁。那天早上7点多，被安排当天搬迁的水库移民，吃了早饭，备上午餐和干粮，带着日常用品，有的背着小孩，扶着老人，有的用箩筐，一头挑着行李，一头挑着小孩，踏上了迁移的征程。从东方红农业社出发，经过新港碉楼，在政府设置的茶水站稍事休息后，又继续前往河源城，再从马家渡（今河源市中医院侧边的渡口）坐上横水渡到达河对面的东江河边麻竹窝，再步行7.5千米到达安置点泥坑，全程25千米，到达安置点时已是傍晚时分。安置到泥坑的242户916人，足足花了一个星期，才全部搬迁到安置点。对一些病残和无法行走的人，生产队组织劳力，用自制的简便轿子抬到安置点。农具、家具能带的都自己带到安置点，一些比较笨重的农具、家具、防老用的棺材等，则与拆下房子的旧木料扎成木筏，从新丰江放运到河源县城再用人力运到安置点。

河源县县内新丰江水库移民搬迁时，大多数人都能按照河源县委、县人委的要求按时搬出了库区。但也有一部分水库移民故土难离，留恋家乡，极少部分则认为水库淹不到自家的家乡，不愿搬离。为了使这些水库移民能及时搬迁，河源县委、县人委组织了强有力的工作组，深入到库区动员搬迁。1959年4月，由县政府领导、县公安局局长、县检察院院长、县法院院长、县社妇联主任组成的移民工作组，逐家逐户动员，耐心细致地做思想工作。到角村的水库移民含着泪水，带上简单的家什和日常用品，依依不舍地告别家园，踏上了搬迁之路。

连平县委县政府重视移民的搬迁工作，县委书记负责，县长主抓。抽调4名干部担任成员，专职负责移民的搬迁工作。按规划全县移民共2235户10 117人。很多移民存在故土难离的思想。一部分人不愿意抛弃苦心经营挣下的财产，不愿意离开自己熟悉的家园而迁到一个陌生的地方去安家落户；另一部分人则担心安置点生产生活条件差而降低生活水平。

针对移民群众的思想实际，连平县委和有移民的公社党委联合派出工作组进行搬迁动员。工作组进驻到移民所在地，深入到移民群众中做他们的思想工作，分别召开各种形式的大小会议，大张旗鼓地开展宣传教育活动。主要内容有：进行新旧社会对比，忆苦思甜，颂扬社会主义制度的优越性，教育移民群众热爱党、热爱国家、热爱社会主义；宣传新丰江水电站建设的伟大意义，教育移民响应党和政府号召，听从党和政府安排，识大体顾大局，服从国家建设需要，献出自己的家园，为国家、为人民作出贡献；宣传党和政府对移民安置工作的政策，消除他们对安置工作的思想顾虑，教育他们到安置区后要发扬艰苦奋斗、自力更生、奋发图强的精神，努力建好新家园。经反复宣传教育，移民群众的思想认识有实质性的提高，大多数移民乐意搬迁。

1958年12月，新丰江水库连平移民开始大搬迁。按省、地规定的时间于1959年4月底第二季度雨季到来之前基本结束，实际搬迁718户3693人。

为使移民搬迁顺利进行，县和有移民安置任务的公社党政部门和大队干部都做了周密的筹划和安排。由于他们中绝大多数人的安置房是规划拆旧建新，这些人在入住新居前需有临时住所，县、公社、大队派干部动员移民点附近的生产队腾出闲舍、仓库、柴草屋等作为移民临时的居住房，并责成所在生产大队妥善照顾他们的生活。安置房竣工后，又组织人力帮助移民搬迁。连平县的移民搬迁工作做得比较扎实，虽然涉及面广、工作艰巨复杂，但整个搬迁过程进行得比较顺利。

其中，也有个别清库移民机构工作计划不够周密，工作安排不够细致，导致组织移民搬迁时出过一些错漏，较为典型的是隆街公社沐河大队田螺坝生产队移民搬迁事件。该队地处低洼，全队48户238人，移民悉数乐意搬迁，并服从安排。他们于1959年1月中旬，全队男女老幼携带行李、物资乘坐有关部门指派的汽车，迁往忠信公社杨塘安置点。到达安置点后，发现当地环境恶劣，无奈之下他们于春节前夕返回隆街公社沐河大队原居地。

总之，新丰江移民搬迁时，大部分安置区的房屋建设未完善，住房很困难，一些移民点有的安排两三户人住一套房子，加上当时正是经济困难时期，许多移民到安置点后衣食无着落，生活又不习惯，导致了后来的移民大倒流。

当我们回首审视移民所走过的迁徙足迹，近7万人的县内移民大军，犹如连续剧中的大场景，携家带幼，浩浩荡荡，烟尘滚滚。整个迁徙过程，充满着悲壮，镌刻着艰辛。

县内移民安置

送走了外迁移民，县内的移民安置工作接踵而来。这是一场特大的人口大迁移，也是一场当地干部群众思想觉悟和行为能力的大检阅。新丰江水库移民，河源县内安置15 680户67 930人；连平县水库移民718户3693人；新丰县水库移民1891户8433人，总共18 289户80 056人。安置任务十分繁重，尤其是河源县，全县人口不足60万人，要安置近8万名移民，难度相当大。

为了做好安置工作，1958年7月22日，河源县颁布了〔1958〕河移字第011号文件，对移民的土地、山林问题作出规定，要求有安置任务的乡、社、队，按移民人口每人平均达到1333平方米以上耕地，山林要达到2000平方米以上，从安置区划给水库移民。文件是这样规定，但没落到实处。

土地问题是农民最忧心、最神圣、最不可侵犯的问题，土地是农民赖以生存的最基本条件，也是衡量财富的唯一尺度，几千年来，中国的农民都是这样过来的。即使世界进入了知识经济时代，土地问题仍旧是中国农民最关注的问题。所以，我国改革开放之初，改革的第一项政策就是满足农民们对土地的渴求，实行"分田到人，包产到户"的政策，使8亿农民逐步走上了致富路。

中国人的土地意识是与生俱来的，即使我国进入工业制造大国，步入现代文明，也无法抹去我们对土地深厚而浓烈的情感，更何况刚刚获得土地与土地打交道不久的20世纪60年代初的安置区群众和广大移民呢？对安置区的农民来说，要他们把本属于自己的土地无偿割让给移民，思想上当然想不通，也极不情愿；而对移民来说，为建设新丰江水库，使大家都有电用，我更是无可奈何。我来这里不是抢你的土地，而是政府要我来的。他们比比前人，思思自己，想想未来，双方都难以割舍。

按当年移民政策规定，安置区应按移民人口每人划给1333平方米水田和2000平方米以上的山林给移民耕种。但是到达安置点后，安置点划给水库移民的山林、土地远远达不到规定数目，有相当一部分安置点人均水田在333.33平方米以下，个别安置点甚至在200平方米以下，即使有也多数都是边远的山坑田、望天田；山林地多数在666.67平方米左右。东埔、墩头安置的原墩头乡东方红农业社的水库移民，在新安置点，他们耕种的都是当地群众早已丢荒的"远耕田"，且多数是"湖洋田"，耕牛无法耕作，全靠人工翻耙。安置区本来山林地就不多，划给水库移民的数量更有限，且多数都比较边远，离安置点近的2~4千米，远的5千米以上，个别安置点没有给移民划拨山地。

由于安置区划给水库移民的山林、土地没有补偿，因此，当地有些基层干部、群众很不理解，尤其是土地、山林划给水库移民后，他们本身粮食分配也相应减少，粮食水平降低，农副业经济减收，生产生活受到影响。

据81岁李日友回忆：我们回龙乡红光农业合作社136户553人安置到40多千米外的义合乡香溪大队南澳（南浩）安置点。我们来时，老人和15岁以下的小孩，带着急需的家具坐竹排、木排走60多千米的水路到义合码头。途中，木排、竹排到亚公山和亚婆山的峡谷处，人就要在峡谷上方下船，步行4千米到庄田村再上船。16岁至50岁者为青壮年，徒步走小路，到仙塘过夜，第二天才到达义合，然后，扛着家具步行9千米才到达安置点。从义合到南浩，全是羊肠小道，到安置点后，先借当地人的老屋、草棚、牲口棚安居，不够的集体帮搭草棚住下。之后，便开始建设"卫星房"。所谓卫星房，就是按"多快好省"的四字原则进行建房，在建房的实践中，重点突出"多快省"这三个字，在没有墙脚用料的情况下，就直接用还湿润的土泥砖砌成甲乙丙房（甲房三间、乙房二间、丙房一间）。1960年3月，按人均9平方米分配，我们住进移民房。1962年因雨水过多，卫星房多数出现10~20厘米宽的裂缝，有的裂缝从墙底到房顶，越往上裂缝越大。1962年对"卫星房"进行改造，用石块砌一尺高为墙基，将卫星房拆下来的木料、好砖、瓦面继续用，不够部分补足，这才算安居下来。当时南浩村本地村民不足500人，分给我们的耕地人均只有333.34平方米，山林不足1333.34平方米。因土地问题与"土佬"吵架、打架那是常有的事。当时，粮食问题是最难解决的难题，我记得有一年过年，集体食堂分配猪肉25克，绿豆和其他杂粮做的南丝3条，米100克，之后的日子几乎全靠野菜度日。

南浩村移民甲乙房（谢晴朗 拍摄）

70多岁的赖日荣回忆说：我们是回龙立溪来到义合香溪的移民。最早我们是安排在惠阳平山的，那边已建好部分用房，首批500人已住下了。1958年冬河源县划入韶关地区，后批1500移民走到半途又被召回，安置在义合香溪大队。1964年大洪灾，这里的房屋全部被毁，约有600人又倒回惠阳平山，留在香溪的移民不足1000人。1958年冬，我们开始以粥度日，到1959年初，劳力每天300克米，小孩老人每天150克米，几乎是靠野菜、蕉头度日。我们村人均耕地不足400平方米，山地不足1333.4平方米，日子过得紧巴巴的。1960年后，水肿病的人数越来越多，生活十分艰苦。

1958年冬，撤销惠阳地区，河源县划给韶关地区管辖。1959年1月4日，韶关地委和河源县委研究决定将原"多移少留"的方案改为"少移多留"，将本县移民安置人口增加到6.88万人。据此，河源县对原定安置计划作了调整，制定库区移民迁往安置区具体方案。其后又出现变化，1960年新丰江水库迁安高程从118米降至116米。水库周边有大量的耕地尚未淹没，部分水库移民搬到安置点后还没有建房就倒回原居住地，耕作水淹田。如顺天金史、岩石的移民，本已搬迁到骆湖横岭下、船塘安置，因水库水位变化而回到原地居住。他们均居住在库边，耕作周边山坑田和水淹田，最终稳定下来。新丰江水库公社后来安置的移民，由于部分安置点人多耕地少，山地不多，也纷纷回库内寻找新的居住地。

锡场公社原搬到横石村224户872人，原搬到桠洞、竹园的283户1180人，还有原搬迁到林禾的水库移民，由于当地生产、生活条件差，部分移民自行选择在南山脚下的原水库公社畜牧场10多条山坑内居住，耕种顶墩的133 334平方米山坑田。后来发展了南山、新村、横派、白屋、竹园、六角坑、草坝、井下、石园、高权、鹅斗11个自然村，组成800多人的南山大队，他们靠耕作山坑田、开垦荒地、抢种水淹田谋生。这些移民的生活十分艰辛，最终还是在这儿安顿下来，重建家园，繁衍生息。

移民的住房建设问题，是稳定人心的关键。1958年8月，河源县制订了移民安置房方案和第一批移民基建初步方案。方案规定：移民人口平均每人建房14平方米，其中住房11.5平方米、附属工程2.5平方米。附属工程包括厨房0.2平方米、食堂0.56平方米、厕所0.15平方米、仓库0.2平方米、冲凉房0.28平方米、牛猪栏0.2平方米、学校0.81平方米、俱乐部0.1平方米，附属工程一律由集体建造使用。方案还明确规

1961年河源县建起的移民房（谢晴朗　拍摄）

定了移民建房从实际、经济、美观出发，按新式、简易的甲、乙、丙三种规格建造。甲式房每座116.56平方米，乙式房每座76.56平方米，丙式房每座68平方米。

为了取得水库移民建房经验，把移民建房工作做好，使之进展顺利，让移民过上比较安宁的生活。河源县委、县人委在东埔黄子洞基建点开展建房试点，派出工作组进驻基建点指导建房，取得经验，召开现场会，在全县推广。由于全县建房速度缓慢，部分水库移民到达安置点近一年，尚未解决住房问题。1959年9月23日，河源县人民委员会作出了"苦战一百天，坚决完成移民建房任务"的决定，提出四项具体措施：①层层下达建房备料任务；②增加基建劳动力，全县抽调1.8万人，安置区老村民工20.3万人；③增加技术工人投入基建工程，由150名技术工人以师带徒1150人，还组织懂建房知识的3196人参加建房；④开展劳动竞赛。因时间紧、任务重，很多安置点提出"打卫星砖，建卫星房"的口号，有的一人一夜打1000只泥砖，不等泥砖干燥就上墙，有的不到10天就建好了一幢房子。经过努力，1959年冬河源县内安置90%的水库移民搬进了移民新房。

由于水库移民安置点高度集中，少则300～500人，多则上千人居住。房子是统一规划，统一建设，栋与栋之间不足3米，排污渠道又不通畅，光线不充足，空气不流通，卫生条件差，居住环境十分恶劣。

安置在义合公社中洞的红星移民安置点的有191户926人，当时安置区划给建房地只有人均20平方米，近200间房屋，围成一个大围寨，围内的人行通道不足3米，由于人多屋窄，住房内不但堆放柴草，而且在房内养鸡、养猪，卫生状况很差。

为数不多的"卫星跃进"移民房（谢晴朗　拍摄）

　　新丰江水库移民前，安置点均没有建房，个别规划较早、行动较快的也只是刚刚开始。移民到达后，一个安置点少则几百人，多则上千人，被安置住在当地群众腾出的房舍、祠堂、学校甚至是刚刚用准备建房材料搭成的临时厂房里。住在当地群众腾出的房间，少则一户4~6人、多则两户10多人同住一室；住在学校、祠堂、大队、小队的集中地，不分男女老幼均集体打地铺，这样的住房情况持续了很长一段时间。原南湖乡光明农业社的水库移民，搬迁到蓝口后到1978年，房屋一直没有按规定建设，一户人只有一两间，三代同房现象极为普遍，这种状况直到1979年移民住房建设"扫尾"时，由移民安置部门下达补建任务方得以解决。

　　连平县对移民新村的兴建方案规定，移民人口每人平均建房12.5平方米，其中住房9平方米、附属工程3.5平方米，附属工程集中建造。当时正值"人民公社化"。此前一个月全县各人民公社刚刚成立，农村实行军事化编制。移民新村的建造，参照兵营、工厂职工宿舍的样式进行设计。为省料、省工、省钱，节约移民安置房的建筑材料，县移民清库委员会决定拆旧建新，即拆掉移民在新丰江水库淹没区的原住房，将拆卸下来的木料、片瓦、红砖等，能用的全部搬运到安置点，充当安置房的建筑材料。

由于当时正处在"大跃进"期间，各地均掀起大炼钢铁高潮，建造移民安置房所需劳动力非常紧张，县移民清库委员会规定：新丰江水库淹没区拆房取料及运料到安置点，由移民劳动力承担；建移民新村的普通工，包括清理地基、备石、备沙、伐木、打泥砖、运材料等，由安置点所在生产大队负责调配、组织劳力；建移民新村所需的技术工，由安置点所在公社组织。

连平县新丰江水库移民新村建设始于1958年冬。最早建成的是大湖公社车坪移民新村，于1959年8月竣工，入住移民12户52人。到了1961年6月，全县建成移民安置房37 323平方米，入住移民742户3345人，人均11.2平方米。

新丰江水库移民县内安置的房屋建设是在"人民公社化"特定的历史条件下进行的，也是为适应社会主义新农村发展要求进行的，当时称作"移民新城"，移民房屋分配，是以大集体为前提，发扬共产主义精神，按户主关系，按实际需要进行分配。实际上县内安置的水库移民房按照军营、工厂、机关干部职工宿舍模式设计建设，不符合水库移民的实际，不但使用上不方便，而且不利于移民养

连平忠信柘陂村保存的20世纪60年代移民房（谢晴朗 拍摄）

鸡、喂猪等家庭副业的发展。

在质量上，由于建房补助标准低，只好利用旧木料、旧桁角，片瓦盖得又薄，墙脚仅有0.5～0.6米高，而且缺少石灰；外墙的泥砖，本来就不结实，而且裸露没有粉刷，几场风雨下来就被刮落了一半，很多房子住上3～5年就成了危房。

为解决水库移民搬迁安置后的土地、山林问题，连平县委、县人委做出了"淹没区移民原耕地、山林原则上不变"的决定，较好地解决了移民耕地、山林问题，使连平县的移民县内搬迁过程有序进行，顺利圆满地完成了清库移民任务。

移民的倒流生涯

新丰江水库移民时，由于当时受"左倾"路线的干扰，致使新丰江水电站建设征地拆迁过程中，没有根据国务院1958年1月16日公布的规定，给新丰江水电站的建设用地及移民安置区划拨赔偿或补偿经费。

房屋被风雨推毁后的移民倒流场面（图片来源于东源县水库移民展馆）

1958年，新丰江10.6万水库移民搬迁安置费共3050万元，人均300元；移民搬迁后，"屋漏偏逢连夜雨"，1959年普遍出现了水灾，粮食大幅度减产，接踵而来的是三年困难时期，国民经济十分困难；而水库移民由于刚刚建好新家，农业生产才刚刚起步，收成有限，口粮十分困难，政府虽然拨给一定数量的救济粮，但远远不足。为了填饱肚子，水库移民开始以"双蒸饭"增加饭量来满足需要；近山区的水库移民上山挖五指薯、硬饭头、黄狗头、竹蒿薯来充饥，路边、草坪、田头地尾的野蒿蒿、飞机菜、马齿苋等野菜成为水库移民采摘回来充饥的主要补充食物。因粮食缺乏，营养不良，导致每个安置点都有"水肿病"病人出现；缺医少药也是移民安置区中的普遍现象，村中没有医生和卫生站，许多移民患了病要到二三十千米外去看病，有些病人被抬到半路就死了。1964年夏，发生了雷雨天气，一所移民教学点有15人遭雷电击伤，由于附近无医疗站，没能及时抢救，造成死亡2人，重伤6人，非正常死亡的水库移民剧增，严重威胁到移民的生命安全。还有，住房问题和移民与当地居民产生矛盾等问题，致使广大水库移民生活长期处于贫困落后状态，这些都是导致移民倒流的基本原因。

安置在惠阳平山大岭公社的原立溪乡的水库移民，从到达安置点那一天起就与当地群众的关系处不好，放牧出去的耕牛被偷到山上宰杀，运去准备建房的木材被大量盗窃，上山砍柴割草的妇女遭受调戏，上级下拨的补助钱粮被克扣。移民多次向上级反映，问题一直得不到解决。从1960年初开始，移民们就踏上了艰辛的回流之路。起初，青壮年以搞副业为由，得到生产队和大队的允许，开出证明溜回老家，偷种水尾田、山坑田，然后，把多余的粮食卖掉交生产队的副业款，当他们在老家有了一定的根基后，再将老人和孩子以探亲为由接回老家。随着越来越多"搞副业"和"探亲"者一去不回,生产队和大队开始加强管理。即便如此,移民仍旧想尽办法逃离。有的人以换钱看病为由,将大的家具扛到集市低价处理,一张七八成新的杉木床卖价10~15元,一张办公桌售2~3元,一张条凳售1~2元。为了能倒流回库区,白天水库移民有的以探亲为由,把老弱病残和小孩妇女送到平山乘车先回,年轻力壮的移民到了晚上偷偷溜出安置区。因怕拦截,不敢到平山乘车,一直步行到惠州后,有路费的才乘车回库区,没有路费的走路回库区。路上饿了吃点备好的干粮,晚上找个能遮雨露的地方摊开被席露宿,没干粮了,就一路乞讨着倒流回新丰江库区。全程约160千米,有的走了四五天才回到库区。回到库区后,他们就在山沟、库边、深山安营扎寨,一个点多的有8~10户,少的有2到3户人。个别家庭为了求得生存,带着父母儿女流落龙门县给人家做仔"顶房份",这对客家人而言,是最悲哀也是最没用的了。为了生存,移民认了,也无力气再想那么多,只要安居就好。这是当时多数倒流移民为求生存的真实写照。

外迁到惠阳稔山公社白云大队的原锡场治溪、双门、三门的水库移民,由于地处海边,每年都要受台风影响,水库移民很难适应。1961年的一场强台风将他们建起来的新房摧毁了一半以上,台风过后,残墙断壁,成了废墟,水库移民认为住在这里不是长久之计,于是一部分移民倒流回到库内的治溪、河洞村,一部分移民则找关系,到新丰县、连平县、龙门县落户定居。

搬迁安置在韶关市乳源县天井山林场晓洞农业社的原支部书记刘佰亨等300多名水库移民,1960年倒流回来后,在晓洞的半山腰里搭茅屋居住,靠耕53 334多平方米山坑田和从事山林副业过日子。因为害怕韶关市来人将他们追回韶关，因此不敢到外面找亲戚或到外地找活干，过着"黑人"般的生活。

如今居住在双江杨梅的移民，1958年按照水库移民的规划方案，他们要移到博罗县石凹农场，安置点已建好房屋了，是年冬，因河源县归属韶关地区管辖，为争劳力，又把这个队撤回河源，安置到蓝口公社的秀水、乐村大队。1959年，再次改变安置方案，将他们安置到韶关乐昌县，之后，再转移到乳源天井山林场。1961年，这批移民陆续倒流回库区，经过七八次的搬迁，不但物质受到重大损失，精神上也受到严重创伤。

河源电视台记者巫丽香是这样描述韶关天井山林场移民倒流情况的：

在轰隆隆的锯木声中，温杨妹心中的"小九九"有两次成功实现。第一次，他揣着一张从父亲那里得到的探亲条，从场部侧面的阳山穿越出去，在乳源县城买来一支脱色灵，将探亲条上的1人改为12人。12人只是温杨妹美好的愿望，秘密的逃离无法通知同伴，他一个人凭着探亲条顺利坐上汽车，踏上了回故乡的旅程。

虽然离开不到一年的时间，但故乡已是面目全非。所有的村民都已经搬离，房屋已清拆，果树已砍伐，光秃秃的村庄，举目一片荒凉。

希望的尽头，迎接回流移民的并非理想中的桃源。故乡精神意义的抽象具体到现实中，是住所、田地、粮食和一日三餐。而这些，故乡已一无所有。支撑他们克服磨难一路向前的信念，在现实的故乡面前轰然坍塌。不过一两年的时间，不过是来回走了一圈，移民们突然发现，他们再也追不回曾经的故乡，伴随他们永远失去的不仅是土地，还有精神上的寄托。

按照最初的设定，新丰江水库的水淹高程为116米，120米高程以下的水库群众全部迁移。至1960年10月蓄水发电时，水库正常蓄水位并未达到116米高程。虽然水库周边余留有尚未淹没的旱地，但大多已被后靠安置的移民耕种。从惠阳、韶关等地风尘仆仆回来，移民们看到的不是田畴沃野，而是浩浩淼淼的水面，连绵山尖点缀于水面之上，清冷、荒敝，一切恍如隔世。

张东海的父母和立溪乡径尾大队100多位乡亲，选择在距离原村子500米之外的叫"烂屋地"的山坡上落脚。前面，是一望无际的江水，背后，是巍巍的山峰。山高坡陡，他们在山与山之间的皱褶里，勉强开垦出6667多平方米的山地作为微薄的衣食之本。房子由竹木搭建，竹片糊上泥巴作墙，茅草作顶。在父母回流至库区半年之后，1962年5月，已经成为一名石油工人的张东海从茂名回到家乡。国家经济困难，一大批工厂企业下马，张东海也成为被压缩精简回乡支援农业的工人之一。从此，他成了一名库区移民。故乡已淹没在水下，眼前崭新的"故乡"，令张东海感到不适，心中五味杂陈。曾经鸡犬相闻、人声鼎沸、熟悉热闹的家乡已一去不复返。茅屋在山间飘摇，一穷二白。唯有土凹槽里支起的铁锅，还暖暖地飘着烟火气息。烟火气息熏热了这位离家青年的眼睛，隔着星星点点的光，他看到了正在翻滚的野菜粥和父母被粥水映照的细微希望。只要烟火气息不断，家便不会失去。

由于回流不被允许，河源县政府、惠阳安置部门的工作人员轮番上门，催促动员移民返回安置地。

在计划经济背景下，商品当时还不能自由流通，一切凭票购买。对于回流移民，是没有粮票的。没有粮票，相当于没有粮食，回流移民的救命稻草，是上山采挖野生食材和药材。张东海和父母，还有其他乡亲将山上挖来的芸杆、厘竹、茨莨、土茯，水库捉来的鱼虾挑到40千米之外的龙门县城，再从当地农户手中换回大米和红薯。

库区半江公社的鱼潭江，发源于一个叫林禾的高地。河水自陡直的山间沟壑激荡而下，汇入新丰江水库。从惠阳梁化回流的刘木枚、李笠苟等300多位移民，就在鱼潭江的水尾处落脚。三面山，一面水，摇船到河源县城必经的碉楼（今东源县新港镇）要6个小时，走山路到半江公社要4个小时，到邻近的韶关新丰要12个小时。回流不久，李笠苟的母亲心脏病发作，人们七手八脚抬着她去半江公社卫生院，路途未及一半，老人的身体已在人们手中僵直。闭塞的交通，考验着每一个回流移民对病痛的承受能力。一旦患上重病、恶病，山水迢迢无医可寻，他们活着或者死

鱼潭江山坡上的移民房（图片来源于东源县水库移民展馆）

去唯有听天由命。举步维艰的回流生活即便鄙陋如此，移民仍是不愿离开，这种状况已不能简单地用"走投无路"来形容他们的选择了，一定是有一种深深的信仰，安抚了他们现实中的困顿狼狈。这种无形的血肉联结，可以坚硬地抵挡任何外力的摧残。那就是他们和这片土地与生俱来的亲近和粘连。犹如孩子对母亲的依赖，那些千重万重的风霜，千重万重的困难，又算得了什么？只要山水还在，他们就不会放弃在山水之上寻找和重构家园的努力……

从1960年进入3年经济困难时期开始，饥荒蔓延全国。天井山林场未能幸免，缺衣少食、营养不良，不少老人出现了水肿。更为致命的是，一场流行性脑膜炎在孩子中传染开来，不断有孩子发烧、厌食，奄奄一息，林场的赤脚医生无能为力。

如果说身体遭遇的动荡苦累可以忍受，那么如利剑一样高悬的死亡气息，则割裂了人们与人世友好相处的最后一根稻草。逃离，成了村民唯一的选择。不断有人消失，脚步决绝。坠入谷底的失望加剧了人们的坚定，不再思虑后果，不再犹豫徘徊，他们向着新丰江岸的故乡进发，似乎唯有此，才能讨回失却数年的安稳，安慰一颗颠沛流离的心。

故乡已在水底，在移民方案中，也没有重新安置的办法。河源县政府措手不及，韶关市政府措手不及。在没有更好的应对方案之前，只好以不变应万变。只是"重回安置点"的劝说教育，甚至是武力驱赶都已无济于事，村民回流也从秘密变成了半公开。1962年，在林场的授意下，做文书工作的温传明变成了骑自行车尾随村民回流，在他们吃住、乘车困难时，偷偷地塞上钱和粮票，确保山长水远的路途平安无虞。最后，干部温传明自己也带着妻子曾月恩回到了库区。至当年年底，迁移至天井山林场的1000多人几乎全部倒流回库区。

其间，天井山林场曾派人来"野猪窝"调查，得出结论是环境比林场优越，"天要下雨，娘要嫁人"，那就睁一只眼闭一只眼随它去吧……

由于地处高山峻岭之中，移民生产生活环境恶劣，又不适应从事林业生产，1961年秋，移民倒流回原居住地杨梅坑安营扎寨，靠耕种42 667平方米水田，30 667平方米干旱地，以及砍伐木材、捕捉鱼虾维持生计，日子十分艰难。1962年春，河源县对移民做出了安置后，成立杨梅大队，纳入双江公社管理。从1962年1月起，每人每月配给15千克定销粮。1962年秋，移民安置部门又按1958年的移民人口每人发放168元建房补助款，扶持他们建房，使移民们结束了住茅棚的日子。新丰江林业管理局成立以后，根据山地多的特点，组织移民大力开展造林种果，移民每年能获得一定数量的钱粮补贴，生活逐渐安定下来。

1962年国民经济困难时期，贯彻中央"调整、巩固、充实、提高"的八字方针，许多工业项目下马，动员职工回家乡支援农业建设。安置在韶关仁化县凡口铅锌矿、曲仁煤矿的水库移民都是新职工，在落实中央"八字方针"时，有相当一部分职工被精简下放。精简下放除一部分在当地农村安置外，有5000人回到了新丰江库内，在库内所属的双江、新回龙公社落脚定居。安置在乳源林业局天井山林场的水库移民，也由于居住在深山，经常受到会飞的山蚂蟥（湖蜞）袭击，居住环境恶劣，待遇不高，生产生活极其艰苦，也倒流回双江公社的杨梅、晓洞、陂头居住。

总之，新丰江水库移民搬迁后，因土地严重不足、住房条件恶劣、粮食缺口太大、医疗卫生条件差等问题长期得不到解决，给水库移民造成了重大的人员伤亡和经济损失，也埋下了移民与当地居民之间的长期矛盾和移民之间极不稳定的因素。移民倒流状况在同期全国20多座水库移民中是很典型的现象。据《河源市省属水库移民志》记载，从1960年至1980年，新丰江水库倒流回库区的人数高达40 400人，超过了移民总人数的1/3。

安置倒流移民

　　面对越来越多的倒流移民，河源县委县政府不再单一地以"动员返回安置地"为目标。从1961年起，县委县政府安排由做过3年副县长职务并和移民打过无数交道的张明东负责组织人员对倒流移民情况进行实地调查研究。他们从5月开始，整整用了2个月的时间，从河源县城出发，用双脚丈量了库区樟下、杨梅、晓洞、径下、跌死鸭等20多个移民较为集中的倒流地和部分少量移民的倒流点。

　　据张明东回忆，一天，他和3位同事前往晓洞、杨梅倒流地调查。这里的倒流移民是从韶关天井山林场回流的。船行至晓洞时，他们就看见山上有人头涌动，上了岸，却不见了人影。在茂密的山林间，只有两位爬不动山的老人呆坐在树下。他俩发长、脚肿、肚突、饥黄的脸上写满了疲惫和无奈。106名倒流移民，躲藏了104名。

张明东和同事们看了看老人，从简易的袋子里拿出红糖、大米，向他们说明来意。两位老人僵直的身子才缓慢而艰难地站起来，拉着来人的手老泪纵横。老人叫回躲在山林各处的乡亲。带头下来的人叫刘伯亨，原来是这里的党支部书记，他向张明东介绍，整个回流点没有粮食了，因营养不良出现水肿的人有10多个。虽开垦复耕了几十平方千米山坑田和旱地，但土质贫瘠产量低，缺衣少食。

忍着心底的伤感，张明东和同事们由移民带路，经过一天的跋山涉水，大体掌握了晓洞、杨梅这两个回流点的状况。当晚，他们就住在移民的茅屋里，七八个人挤睡在一张由茅草铺就的"床"上。山里的夜晚，寂静冷寞，偶有虫鸣如天籁划过。张明东感受到的不是大自然的诗意，而是悲凉与凄苦。晚餐是一顿照得见人影的稀粥，即便如此，如果不是他和同事的大米，移民的餐桌上还无法看到大米的影子。他们的肚子究竟有多久没沾过米饭的香气？张明东不敢去问。移民贡献了自己的家园，现如今却是流离失所。这样的心绪让张明东久久难以入睡，加上移民请求，他决定连夜去借些粮食，解决移民急需的温饱，免得饿死人。

3年的县长履历帮了张明东的忙，他知道距离晓洞15千米之外有个双田村，双田粮管所就在那个村子。趁着夜色，他领着回流点20多个青壮年匆匆上路，爬过三座大山，再越过横陈在山谷之间的半坑小河，终于在深夜两点赶到粮所。张明东自报家门叫醒了蓝所长。睡眼惺忪的蓝所长见20多个湿漉漉的人站在门外，连忙请他们进来。

张明东抱歉地对蓝所长说："蓝所长，三更半夜，如果不是急事，实在不敢打搅，看到移民的生活状况，我也是迫不得已"。接着就向他说明了要向粮所借1000千克稻谷的来意。蓝所长迟疑了，1000千克粮食不是小数目，更何况是借给已迁至韶关的回流移民，这个责任自己担得起吗？思虑过后，蓝所长最终还是打开了谷仓门。张明东留下一张借条，对蓝所长说："如果到期不还，你就拿着我的借条到县委去要，一切由我负责。"张明东并不知道，打动蓝所长心结的并不是他的那张借条，而是他在县长任期内给群众留下的好口碑。挑着稻谷赶回晓洞，天已经亮了。因为没有碾米的工具，又担心雨天没法保管。1000千克稻谷当场就分给了106名移民。金灿灿的谷粒映照着移民久违的笑容，那些笑容，笑哭了张明东和他的同事们。

告别移民后，张明东和同事急匆匆赶回单位。河源县移民办在听取张明东和同事的调查汇报后，决定将晓洞村100多名回流移民就地安置。数天之后，张明东和同事又将这个欣喜若狂的好消息带回给晓洞移民。

当移民们听说张明东和同事还要赶往一个叫径下的回流点作调查时，就将一艘摇桨船借给他们，并派一位年轻人为他们划船。上船时，青年移民习惯性地带上米、盐和炒锅。虽然4个小时的水程并不需要这些，就如同晴天带伞一样，青年移民从来没有怀疑过这个祖辈留下来的传统。年轻人的这一举动，正好为张明东他们提供了调研保障。本来4个小时的船程，这一次，张明东和他的同事却整整花了一天一夜的时间。在这一天一夜里，他们经历了九死一生。

船开动没多久，晴朗的天气突然暗了下来。乌云从天尽头一路翻滚，尔后以迅雷不及掩耳之势在水库上空化作狂风大雨。宽阔如镜的湖面顿时被雨滴打碎，狂风掀起的水浪越来越高，在冲天波浪里，张明东和同事们乘坐的小船筛糠一样急剧摇晃。在死一般的恐惧中，青年移民对着脸色发白不能言语的乘船人吼了句："谁都不许动，否则都要死！"排山倒海的波浪声很快将他的声音淹没。水灌进了小船，不过船桨还死死握在青年移民的手中。起伏的浪涛简直是一条条横陈的曲线，船迎着曲线劈波斩浪，犹如一支利箭穿过道道曲线中心。只要有水注入船舱，张明东和他的同事们就用双手把水倒出船舱，以减轻船的压力。直到下午四点，高高突起水中央的一座小山包，才拯救了在曲线里横冲直撞、绝望透顶的乘船人。

山头是一座高山的山尖，山体已沉入水底，100多平方米的黄泥地上，零星地长着数十棵松树。张明东和惊魂未定的同事们被风浪颠得浑身生痛，身子靠着树身就不想动弹了。他们决定迎着风雨在树下歇一夜。青年移民带来的炊具果真派上了用场，每人吃了一碗盐拌饭后，黑夜就降临了。咽下的稻米还没来得及安慰疲惫的身体，他们忽然看见三条眼镜蛇从水浪里疲倦地爬了上来。他们同时拥挤在小山包上，不同类别的两种生物，隔着微弱的火光对峙着，他们既互相打量，又互相提防，谁也不敢入侵对方的领地。一船人再也没有了睡意，张明东只好将烂熟于心的《西汉演义》讲了一个通宵。

风雨终于在天亮后停歇下来。人与蛇一起告别了有救命之恩的无名小岛，踏上各自的旅途。驾船约2个小时后，张明东和同事们终于到达了径下村。径下村移民多为后靠安置后倒流回来的，本地的家底，使他们的生活稍好于外县回流的移民。张明东他们到来时，正碰上村子一户人家娶媳妇。善良好客的人们将"张县长"和他的同事们迎上酒席"上横"（主宾）的位置。惊魂未定，劫后余生，那顿热气腾腾的饭菜，是张明东和同事们吃过的最好吃也最难忘的饭菜。

就这样，张明东和他的同事们风雨无阻地在库区来回转了整整两个月，用脚丈量出一份详细的倒流移民调查报告呈交给河源县委和广东省委。

这份倒流移民的调查报告引起了省委省政府的高度重视。1962年，省长刘田夫亲临新丰江库区视察，了解水库移民问题，发现水库移民确是耕地奇缺，生产生活极度困难，而山林又得不到充分利用。后特在河源县召开了县委、县人委领导会议，会议确定成立"广东省新丰江林业局"作为库区移民的管理机构；通过发展林业生产暂时解决库区移民的生产生活出路问题。遵照省长指示，河源县决定由县委副书记李树带领10名副科级以上干部到林业管理局开展工作，并确定设立斗背、半江、双江下林三个林场，直属林管局领导，组织水库移民开展垦复、抚育幼林、采种育苗等林业生产。

之后，便逐渐对倒流回库的移民进行安置，凡在1970年以前倒流回库的移民都可以将户口迁入水库公社。为了加强领导和方便管理，县委、县人委将原水库公社一分为三，成立锡场公社、半江公社、回龙公社，各公社也相应成立水库移民办事机构。移民办事机构按倒流回库移民人口，每人建房14平方米，发放建房补助款168元，倒流移民享受原后靠移民待遇。同时采用"就地就近、自由选点自行搬迁、组织插队落户"的三种安置方式，使移民倒流浪潮逐渐稳定下来。对一些离开移民安置点，又不倒流回库，流落在外的移民，市县水库移民工作机构与当地政府沟通，帮助他们纳入当地移民办事机构管理范围，由当地市县承认他们的水库移民待遇，支持他们发展生产，改善生活条件。

△想尽办法，就近就地安置倒流移民

南湖乡押禾、麻陂村的黄海波、肖谷先等38户170多人，原被安置在韶关凡口铅锌矿。1962年中央调整工业布局后，大多数移民都被精简、压缩回乡支援农业生产。韶关当地政府提出在当地农村安排，他们觉得当地农业生产条件不好，于是倒流回河源。回到河源后，发现他们原来居住的老家已被淹没，连栖身地方都找不到，只好到县城河源水电局上访求助，居住了一段时间，后经移民办事机构安排到新组建的回龙公社所在地洞源一洞居住，以搬运、捕鱼解决经济收入，维持生活。新丰江林管局成立后，成立林业队，从事造林、育苗等工作，使倒流移民生产生活稳定下来。1963年移民办事机构根据有关规定，拨给建房补助款，帮他们建起房子，享受当地移民同等的生活待遇。

锡场乡河洞村的三门、双门、石罗坑等500多名外迁安置水库移民，是1961年6月从安置点惠阳稔山白云大队在房屋被台风吹垮以后倒流回库区的。回到锡场乡河洞家乡

1963年的移民倒流安置房（谢晴朗　拍摄）

后，由于自己原来耕的山坑田已被后靠移民耕种，山林也归后靠移民管辖，倒流移民只好选择在库边的山坑扎茅棚居住，靠抢种水淹田、捕鱼摸虾和搞山林副业维持生活。1962年，水库公社得知该情况后，给他们安排了定销粮，并同意将他们的户口从惠阳稔山迁回水库公社落户，享受移民待遇。

1959年冬，外迁到博罗县的原居住在甘背塘的水库移民，回水库小径探亲，看到老居住地屋迹及大片田地未被淹没，而原来耕种的山坑田也丢荒了。他们回到博罗附城梅花安置点后，向生产队领导讲述了这一情况，生产队领导认为移民回去耕种山坑田和高程水淹田是增加集体粮食产量的一个好办法。于是生产队作出决定，派出10多名年壮劳力带着农具、耕牛回到甘背塘，在水库边搭茅棚居住，耕作高程水淹田和山坑田，1960年、1961年这两年，粮食获得大丰收。于是杨茂和等7户人决定从博罗县搬回甘背塘居住，并在老屋迹的旁边118米高程的地方，建起了一座上五下五结构的房屋定居。后经移民办事机构调查了解，确认了他们移民身份，享受水库移民待遇。

倒流回锡场长江鱼坑落居的古姓和江姓的13户70多人，原是县内安置埔前公社陂角、高围的立溪乡立东农业社的水库移民。他们在1959～1960年倒流潮的影响下，觉得安置区生产生活条件远比不上故土家乡，没有什么前途，因而几十人一起深夜扛着犁耙，赶着耕牛，担着日常用品从埔前徒步回到新港，然后搭船到锡场长江，选择在原来他们耕作的有20多平方千米山坑田的鱼坑安家落户。1962年，这部分人得到政府承认，将他们纳入了锡场长江大队管辖，纳入移民安置范围。政府为了解决倒流移民小孩读书难的问题，在附近的割毛王、磜下几个移民点合办一间小学，并选用倒流移民中知识青年古石佑担任民办教师，使倒流移民子女及时得到读书机会。

河源县双江公社原居住在方田子的8户48人是后靠安置的水库移民，安置点交通极不方便，移民到大队要走几千米路，而到公社更远。在这么远的山坑里，只住了他们8户人家，小孩上学、看病就医等都极其困难。县、社移民办事机构为他们在原居住地10千米外，靠近公社所在地的双江大队选择了安置点，拨给建房补助款，重新建起了房子；另一方面，还帮助他们解决部分水田、旱地和山地。

灯塔公社柯木安置点15户64人是1959年春搬迁安置的，房子建在一座小山的斜坡上，房子的基础全是黄泥地，每到雨天，黄泥很快成为烂泥，而宅基地又不平坦，高一排低一排，给水库移民生活带来极大影响。移民多次要求迁移，后来经过省、地、县移民办共同研究决定，在灯塔至忠信的公路边购买了路边的山地给他们重新建房。

1959年，从库区回龙乡金星农业社迁往义合公社的移民38户150人，房子建好以后，地面潮湿，每到春夏季节，经常渗出泉水，室内需垫木板才能通行，不但给移民生活带来许多不便，还严重影响移民的身体健康。河源县移民办经过研究，同意安排补助款进行重建。在重建过程中，移民办事机构还认真做好安置区群众的思想工作，帮助落实宅基地，改变过于集中建房状况，允许移民3~5户为一个建房点，使水库移民住房情况得到了很大的改善。

△鼓励移民自由选点，自行搬迁，政府拨款协调

"文化大革命"期间，"自由选点，自行搬迁"的县内安置

1963年就近安置的义合移民房（谢晴朗 拍摄）

的水库移民有3000多人，重迁安置在宝安县、龙门县、新丰县、博罗县、东莞县等地的移民，他们不但摆脱了生产生活困境，成为搬得出、留得下、住得稳、有发展的水库移民，而且大大减轻了河源移民安置的压力。对这部分"自由选点，自行搬迁"的水库移民，移民办事机构经历了从开始不提倡不支持，到后来给他们发放搬迁费、建房补助款，帮助他们落实水库移民待遇的过程。

1967～1968年，部分移民安置点由于人口增加，致使耕地面积越来越少、口粮长期不足、经济收入不多、生活得不到改善，部分移民到所在地县或移民办事机构反映，要求"自由选点，自行搬迁"到外县寻找安置点。县政府移民办事机构及时将这种情况向省主管移民工作部门反映，这一举措，得到省政府的支持，除发给了搬迁、建房补助款外，省移民办事机构还与迁入地商量，搬迁后纳入当地移民部门管理，享受移民待遇。

被安置到东埔公社太阳升大队的石柱和茅塘生产队（即现在河源市区客家公园一带）的移民。由于土地贫瘠，水利不过关，三年两不收，生活条件极差。三次到河源县政府上访，请求重迁安置，最后河源县政府答应了他们的请求，让他们自行选点，自行搬迁，县里协调，下拨搬迁经费。1968年，38户158人选择在宝安县龙岗公社爱联大队最偏僻的黄阁坑（即今深圳大运村一带）安居。当地公社、大队不但给他们安排了宅基地，还划拨300多亩水田和旱地给他们耕种。河源县移民办事机构给他们下拨搬迁费用，还协调宝安县水电局帮助他们建起了房子，宝安县派来两名干部长期驻村，及时帮助他们解决生产生活问题，并连续三年给予粮食指标补助和解决农具、耕牛、化肥等。搬迁到当地后，独立建房，组成前进、新建两个生产队。

深圳龙岗前进村1968年"自由选点、自行搬迁"所建的移民房（谢晴朗 拍摄）

博罗县龙溪镇岐岗村的移民，是1961年从惠东稔山白云大队倒流回锡场的水库移民，耕地严重不足，生产生活条件极其恶劣。1968年，自行到外县寻找安置点，先后在龙门县、本县的埔前选点，最后确定了博罗龙溪为安置点。1968年搬迁时80多户380多人，到现在发展到了200多户超千人。移民群众生活有了翻天覆地的变化，每户拥有120平方米以上的二层楼房，村内出现了不少亿元户、千万元户，集体经济年收入百万元以上，人均年收入上万元。村里建起了新丰江水库移民展览馆教育后代，以及聚会楼和文化广场等。

锡场公社三洞大队中心坝后靠移民安置点，共有13户76人，移民认为这里交通不便，耕地面积少，山林又不多，搬迁后，生活水平一直难以提高。于是他们自凑费用，派出代表到龙门县平陵公社黄沙大队寻找落户的地方，经过代表多次考察，各户家长又前去察看，再经平陵公社同意，最终选定在黄沙大队坳头生产队落户，黄沙大队无偿划给他们部分水田、旱地和山地。同在三洞大队的鹅斗安置点的部分水库移民，看到中心坝安置点的移民外出寻点成功，他们也行动起来，选择了龙门县沙径镇横槎大队建立了一个有25户133人的鹅斗新村。河源市、县移民办事机构积极与省、龙门县移民办事机构协调，将他们纳入龙门县水库移民管理，永久享受移民待遇。

1958年12月，原回龙公社香溪大队33户142名移民一开始被安置到河源县义合公社香溪大队落户，1960年冬已建好房屋，并住进新房，1961年6月上旬，房屋被洪水冲毁。经上级检查，认定房屋崩塌与当时建房质量有关，决定在原地重建加固，经过2年的重建，已按计划完成重建任务，移民群众第二次住进新房。1964年

8月中旬，再次遇上特大洪水，洪水没过房顶，第二次重建的新房又全部被冲毁，导致移民群众无处安身，思想波动大，困难重重，移民强烈要求重迁。根据实际情况，移民办事机构同意他们重迁，并提出两点要求：①由移民本身自找安置点，政府按移民重迁标准给予补助；②由移民群众选出代表到外地寻找安置点。结果他们找到老祖宗落居的紫金县临江公社澄岭大队，要求亲属伯叔支持他们在当地定居，当地大队干部、群众同意接受他们迁去定居。1965年，利姓移民重迁到紫金临江公社澄岭大队。起初，他们以祠堂、借房、搭厂临时解决住宿问题。河源县移民办事机构，帮助他们解决了粮食和基本生活费用，还与紫金县政府协调，至1967年，临江公社正式同意接受他们。临江公社干部刘桂添、临江粮所廖灶仁等人给他们选址定居，划分耕地。1967年，移民办事机构按水库移民建房补助标准下拨5.4万元，1975年又下拨3.3万元给他们建房，从此他们安定下来，建设新家园。

1958年，原新丰江水库回龙公社金星大队水库移民16户77人安置在河源县义合公社中洞大队坪围村定居。1960年冬已建好房屋，人均只有400平方米耕地，因人多地少，生产生活十分困难，也向外自找安置点。1968年2月，征得当地党政和群众的同意，重迁到紫金县临江公社前进大队居住。1968年政府先后下拨3.8万元，同时支持架设输电线路、购买农具等，从此，安居乐业。

连平县安置在隆街公社科罗大队老屋生产队的潭德其等18户90多人，因安置点地少不够耕种，强烈要求政府更换安置点，后经移民办事机构同意，1966年9月重新安置他们在隆街公社田东大队排新生产队。到达新安置点后，他们自己动手打泥砖，到指定的山岭砍木材，当地大队还调配人力，帮助他们盖起了新房，划拨了49.34平方千米水田和33.33平方千米山林给他们耕种经营。

原安置到惠阳县平山大岭的李继光等10户53人；原安置到惠阳县稔山镇白云大队的何南喜、古彩媚等17户79人；原新丰江水库公社后靠安置的水库移民卓锦麟等4户18人，他们均分别自行选点在连平县的内莞、田源、惠化等地落居，连平县移民安置机构承认他们水库移民身份，拨给他们建房补助款，并与当地政府协商划拨了一定数量的山林土地供重迁移民耕种。

据不完全统计，"自由选点，自行搬迁"安置的移民达400多户，人口达2000多人。他们现在生活安定富足，完全融入了当地的社会生活，成为当地发展经济的生力军。

△**层层发动，组织"插队落户"**

1969年河源县军事管制委员会考虑到新丰江库区内几个公社水库移民众多，耕地面积稀缺，发展潜力有限，移民生活非常困难。为了解决这一问题，河源县军管会决定以"知识青年上山下乡"的形式，动员库内的半江、锡场、回龙公社移民到本县的11个公社（场所）重新安置，将水库移民一家一户，或几家几户分配到各生产队插队落户，借以解决库区移民的生产生活问题。在县军管会的统一部署下，各接受安置的公社、大队、生产队，认真制订接收计划，动员干部群众做好迎接水库移民的插队落户工作，有接收安置任务的生产队还腾出房舍给水库移民居住。同时，库内有插队落户任务的公社，组织工作组深入到大队、生产队召开各类型的会议，动员水库移民听从党和国家的安排，到库外公社插队落户，承诺给"插队落户"的水库移民发放建房、生产、生活补助费，还可自带建房材料建房。

在组织"插队落户"中，有的以原生产队或原安置点集体插队落户，如新回龙公社七坑大队枪岭中心生产队31户163名水库移民，他们率先以集体搬迁的形式到骆湖公社的上欧大队落户安置。骆湖公社上欧大队为他们划拨了水田、旱地。新回龙公社立溪大队的石街洞和革命两个生产队200多名水库移民，集体插队落户到漳溪公社的鹊田村和樟下村。

除集体安排外，其余都以一个生产队安排3～5户水库移民落户，由移民办事机构与接受大队直接安排到生产队。锡场公社河洞大队的水库移民被安排到柳城公社插队落户；部分锡场圩镇的水库移民被安排到灯塔、船塘和顺天公社插队落户。半江公社的水库移民也大部分被安排到顺天公社的生产队插队落户。

组织插队落户是在"动员、发动、报名、搬迁一条龙，思想通一户，报名一户，搬迁一户"的政策指导下进行的。不到三个月的时间，插队落户的水库移民就搬到新的生产队，开始了新的生产生活和重建家园工作。

半江公社横崀大队是在旧村淹没后，后靠到新址上未离故土的移民，全村900多人仅靠耕作几十亩山坑田为生。然而，随着水库水位涨到116.7米时，仅存的那点山坑田也没入水中，吃饭问题更为严峻，移民长年以旱竽、红薯以及山苍籽、土茯苓等野生作物为食，虽然国家每月每人有10.5千克大米的粮食指标，但有的移民连一角四分二的低价粮也买不起。基于这种恶劣的生存环境，河源县委动员移民再次迁移。此时，全国城市工商阶层下乡插队安家落户运动正在轰轰烈烈地开展，在这样的大背景下，难以为继的移民如同千千万万的城市阶层一样，被"插队落户"到县内其他地方。

在动员插队落户时，许天佑的舅舅等360名村民，自愿报名走出了山高耸立云、地无三尺平的半江横崒村，带着10余口人来到了"田地开阔，可以骑着单车去田间劳作"的顺天公社。许天佑的舅舅和其他几户人家被分配到白沙生产队。

哪里能生存，哪里便是家。生产队里的两间牛栏便是许天佑舅舅一家7口人的生存栖息地。从此，他们成了白沙生产队的社员。白天参加生产队集体劳动，可挣到一个劳动日的工分，相当于两三角钱。晚上几家"客人"坐下唠唠嗑，抽抽手卷烟，就是他们唯一的乐趣。到了年底，生产队根据每个家庭挣来的工分分配稻米等粮食作物，看你家挣的工分多少，算出你家是应得还是超支。如果超支的话，你家还得拿出钱去买集体的低价粮食和作物成果。许天佑舅舅家只有2个劳动力，当然是生产队里的超支户。

一年后，一个春暖花开的日子，许天佑和母亲带着两斤自产的蜂蜜去看舅舅。因交通不便，从凌晨出发，一路穿行弯绕的谷坡，临近中午才到达舅舅家。舅舅欢天喜地杀了一只母鸡，招待跋山涉水到来的外甥。十四五岁的许天佑还不懂得人生起伏的滋味，也无法体会落居他乡为异客的涌动心情，对舅舅没有表达多少关切的问候。

听说许天佑从老家过来，周边生产队的"插队移民"也赶来凑一份欢喜和热闹。从来自家乡的叔伯姑婆的寒暄中，许天佑听懂了他们到达这里的经历和心酸，读懂了他们笑里含泪的内心感受。这一别，许天佑好久没有去看舅舅了。当再次见到舅舅时，已是在5年之后的家乡，舅舅带着家人倒流回横崒了。

由于这次组织"插队落户"重迁安置工作时间紧，任务重，有一部分水库移民又不愿到所划定的公社"插队落户"，因而县计划插队落户安置13006人，实际只有1260户6800人插队落户，这项工作从1969年10月开始，1970年1月结束。

移民的正当诉求

　　新丰江水库移民的搬迁安置工作正处于"总路线""大跃进"和"人民公社"三面红旗的特定历史时期；水库的移民安置带有鲜明的时代印记。新丰江水库移民是中华人民共和国成立后广大人民群众在对党的无限信任下，顺利搬迁和安置。虽然广大水库移民对搬迁和安置有着自己的想法和看法，但他们毅然为国家的经济建设作出了重大的贡献，舍小家顾大家。

　　新丰江水库移民从搬迁安置的那一天开始，就与艰难困苦的生活紧紧相连，甚至有的倒流移民10年成为"黑人黑户"。他们反映的问题和诉求主要有：①安置区划给移民的耕地、山林达不到政府规定的要求，长期口粮水平低，经济收入差，要求增划耕地、山林；②安置区有些干部群众瞧不起水库移民，甚至歧视、刁难、排斥移民，因此要求政府保护移民的合法权益；③移民办事机构的某些干部办事不公道，个别人员贪污挪用移民经费；④

较大的移民安置点生活设施不配套，如学校、医疗、饮用水、污水排放等缺乏系统的规划和建设；⑤水库移民与安置区群众发生纠纷斗殴，当地政府部门没有及时处理或处理不公，致使水库移民有意见；⑥由于安置区缺乏最基本的生存条件，要求政府给予重新选点安置。这些问题在3年国民经济困难时期没有得到解决。接踵而来的又是10年的"文化大革命"时期，国家经济发展缓慢，国家经济混乱，移民办事机构处于瘫痪状态，移民反映的问题和困难更是无人处理，以至除了写信向上级反映情况外，也有部分水库移民到各级政府机关上访。因此，不论外迁安置，还是县内安置，均出现了大批量移民倒流回库内的现象。尤其是插队倒流移民，他们生产生活极度困难，基本权利没有得到保障。在移民的10年间，他们曾多次努力，不断派人向上级反映情况，要求帮助解决移民的实际困难。

1979年8月间，甘背塘的插队倒流移民先给《南方日报》写信，诉说他们的处境。水库移民用信件反映问题和诉求的，少到一人两人、一户两户签名，多则10人20人、10户20户签名，甚至还出现上千人签名的诉求信件。信件除了寄送给当地县、镇政府和移民办事机构外，有的还寄给省、市领导和有关部门，甚至有的还直接寄给党中央、国务院的领导人和有关部门的负责人，更多的是寄给报社，希望媒体帮助他们反映问题和诉求，请报社记者到实地调查了解情况，写成书面材料以引起上级部门的重视。

甘背塘移民上访是新丰江水库移民最大的一次上访事件，这里的"大"指的不是上访的人数和时间的长度，而是指对"10年黑人黑户"的倒流移民的就地安置和身份的确认，当场就得到了回应以及对数月后广东省出台移民扶持政策产生的巨大推动和深远的影响。省政府于1980年先后多次组织工作组深入新丰江库区调查了解移民的安置情况，至此，移民的倒流问题才被政府列入解决的议事日程。

1958年移民后，因为安置问题，新丰江水库移民尤其是倒流移民的上访事件时有发生。他们以家庭、村集体为单位，自筹经费，上访之路从最基层一直延伸到中央。

1976年，从韶关倒流回新丰江库区的150多位移民，因得不到安置无着无落，带着铺盖在河源县人民礼堂住了3个月。

1980年，库区其他公社60多个倒流移民分前后两拨走进广东省电力局一楼礼堂，要求解决他们的身份及其生产生活问题。

1990年，新丰江库区新港镇的双田、杨梅等管理区的水库移民直接写信给中共中央、国务院，反映移民存在的困难和问题。同年5月，中共中央、国务院信访局一行4人直接到新港镇的双田、杨梅村调查研究，并将调查的情况写成报告送给省委、省政府领导林若、叶选平，省委、省政府领导后来在报告上作了重要批示。

……

除上述记述外，其实还有3次较大的上访诉求。

1961年5月，从韶关倒流回河源的水库移民，要求河源县政府给予重新安置到县内水库边，并到县政府上访。由于当时经费有限，县政府一时决定不下来。后来县委决定给予他们重新安置。

1968年6月，河源县内安置的新丰江水库移民由公社领导、移民代表组成"新丰江移民汇报团"，由副县长曾博带领到省政府及省有关部门汇报水库移民问题。

1999年7月12日，安置在新源、丰源、江源新村的新丰江库内的"两缺"移民，由于就新村建设没有及时配套学校、污水处理系统不完善和新源新村收取楼房底层门店费用等问题，有300多人到河源市政府上访。

为进一步做好水库移民信访工作，市、县政府和移民办事机构采取了一系列措施：健全信访机构，除市县（区）政府设立信访办事机构外，市县（区）移民办事机构也增设信访科或信访股室，专门接待处理、检查落实水库移民的来信来访工作和办理上级转来的信件并做好督办工作；建立水库移民来信来访处理的规章制度，做到来信有回复，上访有接待，要解决的问题有专人负责督促落实；市县（区）移民办事机构除专门设有分管领导外，还设立领导接访日，由单位领导接待来信来访的水库移民；设立信息员。对一些反映问题比较多的移民安置点，设立与信访科、室专门联系的信息员，及时了解掌握移民的思想动态，发现问题及时采取措施帮助解决；深入调查研究，把来信来访问题解决在萌芽状态。

1999年8月间，新源新村"信息员"反映：该安置点由于个别人的挑动，为解决他们建安置点时被收取的6000元门店费用问题，部分"两缺"移民计划到京九铁路河源段和205国道中间静坐，阻止火车和汽车通行，借此引起上级机关的重视。市、县（区）领导和移民办事机构得到消息后，迅速组织工作组到新源新村宣传党的方针政策，做好说服教育工作，防止了这起违法事件的发生。

1978年，党的十一届三中全会以后，国民经济得到快速发展，国家财力大增，党和政府开始有能力对水库移民加大扶持力度，投入水库移民经费逐步增加，并切实帮助水库移民解决与生产生活有着密切相关的问题。水库移民的思想发生了根本性变化，人心稳定，一心一意谋发展，增加经济收入，争取在政府扶持下走上富裕道路。

第四章 关怀与扶持

　　新丰江水库的移民问题，一直都是省、市、县最为关注的问题之一。由于历史原因，新丰江水库移民中的遗留问题一直得不到妥善的解决，直到改革开放后，在党和政府的关怀下，才逐步得到解决。这一时期，从中央到地方先后制订了一系列水库移民的扶持政策，大大缓解了水库移民的困境，使新丰江水库移民开始摆脱贫困，树立信心，发展生产，逐步跟上社会经济发展的步伐，在脱贫奔小康的道路上砥砺奋进。

新丰江林管局与植树造林

　　1962年8月，时任广东省省长刘田夫，看了河源县委反映新丰江水库倒流移民真实情况汇报后，他深深感到了新丰江移民问题的严重性和解决的紧迫性。为此，他亲自率队到库区调查，亲历了一幕幕移民生活极度困窘的状况，并撰写调研报告提交省委常委会讨论。之后，广东省委省政府决定以河源县委县政府为主，抽调人力，设立新丰江林业管理局，并在河源设立办事处，作为最基层最直接的专门解决移民生产生活出路的管理机构。

　　这年11月，新丰江库区移民迎来了生活的转折点。"广东省新丰江林业管理局驻河源办事处"在双江公社斗背大队挂牌成立。5个月后，经广东省人民政府正式批准，并更名为"广东省新丰江林业管理局"（下称"林管局"）。林管局这一机构，不论是看还是听，都是一个与移民毫无关系的管理机构，是一个专业的护林育林机构，但事实上，在此后半个多世纪的时间里，这个机构却是新丰江库区移民尤其是倒流移民衣食住行的管理者、后勤服务的保障者、生产发展的指导者。

新成立的林管局，首要工作便是解决移民的生存问题。发展林业，安置移民，植树造林，涵养水源，以盘活新丰江流域丰富的林地资源来改善移民生产生活困境，是林管局当时面临的重要任务。河源县委副书记李树担任了林管局第一任党委书记，最初参与此项工作的还有陈寿尧、张明东等10名干部。一年后，林管局办公地址从双江公社斗背村迁往新港雕楼（今东源县新港镇），并迎来了首批分配下来工作的刘木华等3名学林业技术的大学生。之后，广东省又先后分配下来一批大学生和林管技术干部共23人，由他们组成了一支庞大的新丰江库区林业技术管理队伍。

来库区前，在这批大学生的心目中，新丰江水库是华南地区最大的水库，肯定是一个繁华光亮的世界。他们哪里知道，新丰江水库竟然浩大得如此无边无际。当他们到达各公社自己的工作岗位后，他们都傻眼了，面对的是山是水，没有路，没有车，出入全靠船，守着如此巨大的水电站，广大移民却还靠煤油灯和松烛照明。虽然心中的美好世界坍塌了，但当他们看到库区内一座座难挡风雨的草棚，一个个衣难裹身食不果腹的移民后，他们心中的那点遗憾又化为了力量。他们以其专业的学识和艰苦的付出，在库区这片土地上留下了真挚的笑容与履历，谱写了一曲别样的青春之歌。

1963年初，广东省确定开辟新丰江水库林场作为广东11个水库林场之一，以解决库区移民人多地少的生活困境。为响应省委号召，林管局决定成立锡场、回龙、涧头、半江、双江等5个公社林场。为办好林场，林管局组织各公社的林管干部和各个林场的负责人参观访问了肇庆西江、韶关乐昌、兴宁合水林场以及湖南常德造林绿化工程。回来后，他们决定学习各地的造林经验——山上戴帽（山顶种灌木林）、皮带缠腰（山腰开林带种经济林）、脚下穿靴（山脚开垦种果树）、水中养鱼（网箱养殖）的发展思路。

半江公社地处新丰江上游，西北毗邻韶关新丰县。建水库前，半江原本就是韶关新丰县的辖地，为便于管理，1957年才划入河源县辖地。由于地势较高，1958年移民时，该公社以就地安置为主，本来就有限的水稻资源，水淹之后就更少了，而移民时，有近600人的半江公社珠坑大队，在后靠安置时，选择在更高的山上安营扎寨。上涨的库水淹没了八成的田地，村民仅靠几十亩的山坑田为生，生活十分艰辛。因此，半江公社在林管员刘木华的倡议下，在珠坑大队办起了公社第一个杉木苗圃场。大学生刘木华与大队长严妹仔以及珠坑大队全体社员就是在这样的背景下认识的。

刘木华是河源本土的大学生，老家在离库区不远的叶潭，虽然知道县境内有华南地区最大的新丰江水库，小时候也很想来看看，但因家里贫穷，没能如愿。直到大学毕业被分配来工作方得如愿。他看到移民的生活窘况，决心把自己拥有的育苗、营林管理等方面的知识全都传授给移民，让他们挺过生活难关。他到珠坑大队蹲点后，就与移民同吃、同住、同劳动，深受移民的爱戴。他除了指导社员日常的育苗育种外，还管移民夫妻吵架调解、春种秋收、学习培训等琐事。就这样，半江珠坑成为库区最大的育苗场，源源不断地供应着库区的造林之需。

和刘木华一起派驻到半江公社的叶瑞令，却以"森工专业"要来了一份名副其实的"工作头衔"——伐木工人。在半江公社的西坑伐木场，他熟练地挥舞着电锯，收割着粗大的松木、硬椎、香樟、赤犁。在热火朝天的工地上，他笑容温和，脸庞白净，衣衫整洁，明显异于一帮粗服布衣的移民工。他来自印尼，家境优裕，在广州上完大学后，他选择留在父辈生活过的故土，参加祖国的社会主义建设。虽然新丰江库区以山水的凌盛、人类生产条件近似原始的贫瘠，迎接了这位稚嫩的华侨之子，但叶瑞令却能以库水般的温顺，选择了与现实和平相处。在繁重的伐木工作之余，他会吹着口哨找刘木华聊天，那间五六平方米的木楼房，需要他轻轻地挤过书桌边沿，才能找到聊天的座椅——床铺的边沿。即便如此，叶瑞令也与其他地方来发展林业的大学生一样，与广大移民打成一片，将那些早已成林的木材砍下，支援祖国的社会主义建设，再开垦种上林木，以解决移民的生产生活问题。闲暇之余，他们还会把库区当成一个巨大的游乐场，放放木排，钓钓湖鱼，对着碧绿山水高歌，似乎到处都可以找到大自然对自己的馈赠。

1966年，全国的红卫兵举行大串联，"文化大革命"爆发。然而，山水迢迢的万绿湖水却阻隔了外面大串联的风气，新丰江库区显得比较平静，还没有出现你争我斗的场面。林管局的干部们与广大移民同心同德，一心一意讲造林，风雨无阻垦荒忙。在持续数年的造林行动中，到这一年，可说是到了造林行动的最高潮。在50多名林管局干部及库区公社干部的带领下，库区移民以战天斗地的革命激情，用两个月的时间造出了万亩"红旗山"和万亩"革命山"。这两个"万亩"，震撼了整个广东，还惊动了珠江电影制片厂。

　　大学生林管员罗泉华从林管局派到锡场公社搞造林已有3年了，全社11个生产大队零星分散在条条水汊间，全部走遍需要花费一个多月的时间。其中的新岛大队就坐落在万壑群山之间，以它为中心，绵延10千米内，有数百个大小不一的山头。1966年初秋，在罗泉华的倡议下，公社书记周石焕、副社长戴月、办公室主任许基带着衣被把红旗插上新岛大队那座最高的山峰上，并把这一片的山脉命名为"红旗山"。

　　万亩"红旗山"的诞生，当然要从罗泉华到锡场做造林规划说起。

　　造林的第一步就是"踏山"。踏山就是要根据省林业厅的图纸规划，来决定什么山头种什么树，规划好后再分配人力，哪个山头由哪个大队哪个生产队负责。罗泉华三年的林业员生涯完全算得上是在"踏山"。他曾只身步行17千米的山路去买杉树种，路过一个叫"秸屋径"的地方，看到了仅有两户人家共处一座矮小的砖瓦房。千万别小看这座矮房子，它可是一头挑起河源县一头担起新丰县边界重任的典型小屋。县域之间以两县人家共处一屋来区分，模糊而又清晰，这恐怕是绝无仅有的吧。

　　站在山顶，目光所及尽是崎岖的山、无垠的水。罗泉华不知道那些白云深处，还有多少像秸屋径这样的小村落。翻山越岭使他吃尽苦头的同时，也使他内心深处深深地理解和同情耕无寸土的移民，这也成为罗泉华加速林业调查规划进程的精神动力。

　　造林的第二步就是"测绘"。测绘不是罗泉华一人所能完成的，锡场公社党委书记周石焕亲自带领罗泉华等人开进深山合力测绘。在山上，他们自己动手做饭，除了带的咸鱼、豆豉、萝卜干外，辅以山间的野菜、竹笋、蘑菇，这也许是他们最好的享受了。踏山、绘图、测量、规划工作完成后，才进入造林的第三步。

造林的第三步就是开垦林带。这一步才是造林的根本，也是造林时最热烈最壮观的场面。造"红旗山"那年，锡场公社抽调了11个大队的青壮劳力，组成了11个连队的造林大军，一天之内就浩浩荡荡地开进了"红旗山"，所有人都在山上搭棚吃住，有的还拖家带口一同上阵。指挥部设在"红旗山"的中心地——新岛大队，公社的粮油副食店、日常用品店、剃头服务店也搬迁过来，医院还派出医护人员用帆布搭成临时救护室，为进驻山头的3000多名垦荒大军服务，电话线也搭进各个连队所在的山头。

"红旗山"的指挥部由竹木搭成，简陋粗拙，大门上贴着对联"千军万马进新岛，排除万难夺胜利"。对联所示，这个由密集劳动力组成的大工地，人们因为大公无私团结一致而拥有乐观无比的革命激情，广大移民以热火朝天的劳动干劲，横扫一切衣食贫乏、生产工具落后、身体高度重负等困难，誓死夺取万亩"红旗山"的胜利。在热火朝

在红旗山上造林的人们（图片来源于谢晴朗拍自《故土家园》）

天的工地上，穷乐观的精神是最好的体现，虽然吃的是200克米饭加一勺青菜，但移民的劳动热情很是高涨，大队与大队、生产队与生产队之间还常常开展劳动竞赛，拉唱革命歌曲。这

红旗山指挥部(图片来源于谢晴朗拍自《故土家园》)

些加油鼓劲的活动，穿插在人们每天单一而繁重的劳动中，对胜出的一方，最高的奖励就是在广播上点名表扬。有一个叫谢千有的年轻人，创造了一天开挖330米林带的最高纪录，一般人一天只能挖150~180米，很难超过200米。对此，公社宣传员，特地为他写了篇小通讯在广播上报道，号召大家向他学习。经过两个月的奋斗，横竖成排，整齐划一的树坑在数百个山头上如士兵列队，透露出昂扬的集体意志。

与此同时，回龙公社也在热火朝天地打造万亩"革命山"。这座"革命山"，以回龙公社大皇脑的山峰为中心，3000多人撒落在8平方千米的层叠山峦之上，开展了一场大规模的造林竞赛。

从回龙公社驻地爬上大皇脑主峰最少需要3个小时的行程，在打造"革命山"之前，人们先用砖石建起了哨所，里面除了瞭望设施，还包括厨房和卧室。这里是视察库区和看护森林的绝佳条件，站在大皇脑山顶的护林哨所上，可以看到清澈的立溪河、留

洞河平缓地流过山谷，星星点点的茅草屋点缀着这片河谷山川。除了这里的守哨人之外，回龙公社书记殷罗仙是爬大皇脑主峰最高记录的人。

"革命山"塑造完成后，凡上过哨所之人，放眼四望，都会不由自主地发出"不敢想象"和"不可思议"的感叹。这两句发自内心的感叹，褒扬的不仅仅是移民战天斗地的劳动激情，还有那无可挑剔的造林质量。因为"革命山"和"红旗山"一样，严格按照造林的标准进行规划开垦的。要使3000多人的土工劳作在8平方千米的层峦叠嶂的画卷上，汇成一幅巨大而完美的艺术作品实属不易。这样震撼的场景，吸引了河源县山歌剧团的编导和演员们，他们带着灯光设备挺进"革命山"进行现场采风、现场创作、现场排练、现场演出。每天晚上，在影影绰绰的气灯下，演员们以浓妆重彩的表演深情表达造林事迹，山歌、快板、顺口溜的热闹，稀释了人们劳作一天的苦和累。在欢快的娱乐之上，秋月无边，黑黑的丛山犹如一座座温暖的港湾，包围着苦乐年华中的广大移民。

在"革命山"

革命山一角（图片来源于谢晴朗拍自《故土家园》）

造林将要收官时，时任广东省副省长罗天指示珠江电影制片厂，对新丰江库区移民造林事迹进行拍摄录影。由于受"文化大革命"的影响，电影厂的三位编导来到回龙公社，但还没来得及上山便被召回。回龙公社书记殷罗仙回忆说："回去时，三位编导舍不得放下摄像机，拍了一路的水库风光。"

"红旗山""革命山"造成后，受"文化大革命"的冲击，新丰江库区的"革命烈火"开始燃至深山，新港碉楼的"广东省新丰江林业管理局"也没能避过这场烈火的燃烧，轰轰烈烈的库区造林运动就此中断。

据不完全统计，自1963年成立至1967年初的4年时间里，林管局带领库区移民共造林134多平方千米，育苗近0.34平方千米，每年用于移民造林、育苗等政策性兑现人民币在40万~85万元之间，发放粮食大米在110万~135万千克，移民在绿化山头涵养水库的同时，生活也有了保障，倒流移民一度得以稳定。

虽然在林管局成立的最初几年，倒流移民大多得到重新安置，生产生活已步入正轨。但随着林管局工作在"文化大革命"

造林功臣（从左至右为：许基、李树、周石焕、戴月）（图片来源于谢晴朗拍自《故土家园》）

期间的瘫痪，他们基本处于无人过问的状态。尤其在60年代后期，安置在其他公社"插队落户"的移民，在"落户"地遭受歧视难以生存时，他们选择了再次倒流到库区。这批人共8400多名，他们经历了10年"游民"与"黑户"的颠沛流离，生活举步维艰。

造林中断后，没了造血工程，失去了钱粮补助，近6万名移民重回到当初的困顿生活，与移民一样失去依靠的还有库区种下去的大面积的无人管护的树苗，除了生命力顽强的松杉木得以生存成活之外，板栗、菠萝蜜、梧桐等娇贵的树苗因缺少管理而死的死，枯的枯，很少能存活下来。派驻到各公社的林业员，因无所事事，开始"劳燕分飞"，有的结婚生子，有的调往外地，开启了新的生活。

据《河源市省属水库移民志》记载：1960年12月前，倒流回库区的移民14 000多人；1961年至1970年，倒流回库区的移民18 000多人；1971年至1980年，倒流回库区的移民8400多人；加上就地后靠的10 000多移民，整个库区移民接近6万人。人多、田少、闭塞、赤贫、缺医、少食等问题困扰着6万名移民。在这20年里，6万名移民凭着骨子里的容忍、坚韧、豁达，在极端困苦的生产生活条件中艰难地生存。直到1980年后，才等来了整整推后20年的移民扶持政策。

广东省新丰江林业管理局直到改革开放之初才得以恢复，重新担负起库区移民的政府行政职能，在2004年才去掉其行政职能，复归其位，将工作重心从管理移民的职能转向对库区1139多平方千米林业生态的治理和保护，真正成为专业的护林育林机构。

　　50多年的林管局发展历史，也是一部库区移民的生产发展史。那些不断的失败与尝试，在今天看来，更像是一种必然。每一段社会时代背景下，都会有一段与之相适应的行进道路。快与慢，曲折与康庄，取决于那个时代的速度与方向。处于时代车轮之下的每一个个体，都无法跳过特定环境下的必经之路，在尝试、失败、总结、更正中才能到达更高级的理想生活状态。

陶铸书记视察新丰江库区

新丰江水库建成发电至1964年秋，已整整4周年了。但库区大多数移民，为求生存，仍然没有停止过他们迁移的脚步，他们在不断地寻找着自己的生存沃土。在方圆数百平方千米的库区范围内，星星点点的茅草房，在青山绿水间显得极不协调，更是格格不入，有碍风景，有碍瞻观。然而，这些星星点点的茅草房正是被库水淹没家园的移民的新家。他们在新丰江库区游移，生产生活极不稳定。他们在极度困窘的情况之下，曾奋笔疾书，多次写信上访广东省委省政府，惊动了中共中央中南局书记、广东省委书记陶铸。

河源电视台记者巫丽香采访了当年陪同陶铸书记视察的林管局党委书记李树，她在《故土家园》一书中是这样描述的（引用时多有删改）：

1964年秋天，秋高风急，扫得落叶满天飞舞，更扫得移民的茅房咿咿作响，躺在屋内犹如一曲曲悦耳的交响乐。在这样的季节里，河源县委书记王寿山、广东省新丰江林业管理局党委书记李树接到了一个重要的通知——在汕头视察工作的中共中央中南局书记、广东省委书记陶铸，返广州时将到新丰江库区调研，起点站就从灯塔公社开始。陶铸书记到达河源的当天，王寿山、李树等人早早就来到灯塔公社恭候。

灯塔公社距离河源县城约38千米，附近还有双江、涧头、顺天等公社一同散落在开阔的灯塔盆地上。1958年建设新丰江水库时，这些公社的部分村庄也被118米高程的水位所淹没，曾经炊烟袅袅的家园，变成了万顷碧波的湖水和条条水汊，把一个个完整秀美的村庄割裂得七零八碎。

中午时分，陶铸书记及随行人员抵达灯塔公社。他们在灯塔公社简单地吃了点东西，便在王寿山、李树的陪同下，视察了灯塔两个移民点，接着乘车前往库区双江公社斗背村。一年前，正是在陶铸书记和刘田夫省长的关心下，担负着6万名库区移民生存发展大计的"广东新丰江林业管理局"在斗背村挂牌成立。

小车在乡间小路上颠簸着，慢爬着。越靠近库区星星点点的茅房、衣衫褴褛的路人就越来越多，不时地闪现在陶铸书记的眼前。一路所见，陶铸书记的脸色就显得有点凝重了，当问起库区的情况时，李树老老实实地又有点难为情地答道"很困难。"

"什么？很困难！"这是陶铸书记很自然做出的反应，这既是疑问又是反问，更多的还是责问，潜台词是"你们为什么没有把移民工作做好？把局面弄成这个样子"。李树额头在冒汗。李树看了看王寿山，王寿山递给他一个鼓励的眼神。

李树壮了壮胆，决心把库区移民的真实情况都汇报给陶铸书记。他说，到目前为止（不含后期倒流的移民）近6万人的库区移民，人均只有120平方米的耕地（含水尾抢种田），移民普遍吃不饱，穿不暖。由于库水阻隔，交通极其不便，移民出入要靠木排或小船，水路遥远，若遇风浪，险象环生。前不久，20多位移民搭乘木船去邻村贺喜，船在途中沉没，无一生还；医疗设施更是不如人意，移民看病需要划船到河源县城去。有一个叫阿三的人，得了急性肠炎，危急之中家人凑了几块钱雇船前往县医院，到医院只花了几角钱的药，肚子就不痛了，弄得家人既紧张又哭笑不得。李树随口讲出的这两个例子，令陶铸书记的脸色更为凝重了。李树不敢再讲出这一年多来他踏遍库区各个村庄时的所见所闻、所感所悟，再讲下去恐怕陶铸书记再也坐不住了。

陶铸书记自1951年主政中南局以来，每年都要抽出三四个月甚至更多的时间深入基层一线调研指导，掌握第一手材料以便更好地解决人民群众迫切需要解决的问题。他万万没想到，中华人民共和国成立15年了，还看到隐藏在碧水淼淼、山高林密中破烂不堪的茅草屋和衣衫褴褛挂身的生活场景。他的眼睛有点湿润了说"在广东这样的场景实不多见"。听了李树的讲述后，他对王寿山和李树说："新丰江水库是个大宝库，要大力发展林业，有了'林业银行'，就不愁搞不好库区的发展。医疗、教育、通电、通讯等问题由省卫生厅、教育厅等相关部门来帮助解决，到时由你们去联系他们，一定要把移民群众中存在的急切问题落实好"。陶铸书记的表态，令李树沉重的心情稍稍平复下来。他深知新成立的林业局饱含库区移民的期待和渴求，但苦于人财物的缺乏，身为带头人的他纵有万千蓝图也是英雄气短。这下好了，移民问题有希望得到解决。

尔后，一行人从斗背村坐船，穿越水库前往新丰江水电站大坝。船犁过壮阔的水面，一路飞珠泼玉，水位浸泡下降后留下的痕迹，犹如一条条红色的腰带，缠绕在绿色的海洋里，成为山水之间特别明显的分界线。两岸茂密的山林，虽为秋季，但在雨露的滋润下，仍旧墨绿透亮，生机盎然。墨绿的山、碧绿的水、红色的腰带令陶铸书记惊叹不已。他跟王寿山开玩笑说："王寿山你就是'山'啊，一定要把新丰江流域的山林保护好，我祝福你寿比南山。"这既是玩笑又是要求。满心欢喜的陶铸书记还对库区提出了建设移民新村的美好期望，他说，你们好好地规划一下，"在交通便利环境开阔的地方设点，建起三室或四室一厅的青砖白瓦玻璃窗房，让移民过上好日子"。

在大坝码头上岸后，陶铸书记还特地拍了张大坝的照片作为纪念。（注：镶嵌在百米大坝上的6个苍劲有力的繁体草字"新丰江水电站"，正是由他亲笔题写。）

陶铸书记视察新丰江库区之后，广东省每年给新丰江林业管理局划拨移民造林补助款80万元，大米指标5万担，又增派了20多名大中专毕业生到库区担任林业技术员、医护员。这些从五湖四海汇聚而来的年轻人与6万名移民一起，掀开了20世纪60年代新丰江库区轰轰烈烈的造林运动。今天，新丰江水库已华丽转身，成为名冠华夏的万绿湖风景区。郁郁葱葱的林木，根须交错，涵养着碧净的万绿湖水和花鸟游鱼，因湖而富的库区移民，早已住进不是一套套而是一幢幢敞亮的洋楼。

据广东粤电新丰江发电有限责任公司副总经理詹华回忆：当年，我们厂也得知陶铸书记视察库区的信息，但没有得到他要来厂视察的通知。我们一点准备都没有，一切都是按部就班，厂领导也没有特意到坝顶上去迎接。后来，参加第二期抗震加固工作的张工告诉我们，那天，大概是下午4点多，一艘机动船从上游开进坝头的小码头上，从机动船上走出几个人，他们在坝顶上拍了照后，陶铸书记向我们走来，了解抗震加固工作情况。当时，大家都有点紧张，我向他汇报说："按10度地震设防要求加固，在坝体的上游面，要求不发生拉应力，就目前的技术和设备，我们很难做到，若按9度地震设防加固的话，我们能够保证做到不发生拉应力"。听后，陶铸书记说："我记得今年的6月和8月新丰江就实测到两次6度地震，震中都在大坝附近，这应该引起我们的高度重视。你们的一切工作，要从实际出发，尊重科学，一定把这期抗震加固工作做好，这事关下游几百万人生命和财产的安全。拜托了，同志们。"

事后，我们再次组织专家进行论证，并对大坝蓄水发电后记录的水文情况和地震发生的频率进行分析研究，认为完全可以按9度地震设防进行加固。这次论证，为之后的人防工程即三期抗震加固提供了依据。新丰江水库自蓄水至今已整整60周年了，这一带就没有发生过7度以上的地震，看来那次论证和改为9度地震设防是有科学依据的，也证明了那次更改是正确的。

库区办事处与造田改良运动

1967年春夏之交时节，受"文化大革命"的冲击，广东省新丰江林业管理局被迫瘫痪，库区移民的生产生活交由地方政府接管。虽说地方接管，由于河源县财政有限，移民问题实际上进入无人管得了的状态。移民尤其是"黑户"倒流移民，生活极度贫穷。

面对此种情况，1975年，河源县委经惠阳地委同意，在新丰江库区成立"河源县新丰江库区办事处"（下称"办事处"）。这个由河源县委派出的机构，结束了库区移民近10年闲散自主发展的状况。办事处成立以后，根据库区人多田少的实际，一方面组织移民发展林业和水产养殖业，另一方面大搞造田改良运动，解决口粮严重不足的问题，让移民生活过得安稳些。

新丰江水库移民搬迁安置后，安置区划给水库移民的耕地山林并不多。新丰江库区6镇有新丰江水库移民（1958年人口）

6082户30 698人，加之，1960年后倒流回库区4万多人，之后又通过自行选点、自行搬迁安置了近万人，实际库区6镇的移民人口已高达6万人，这6万人仅有水田5.62平方千米、旱地3.31平方千米，耕地严重不足。

东源县顺天镇是一个库区水边镇，1958年全镇水库移民1953户8557人，仅有水田0.61平方千米、旱地1.72平方千米；涧头镇也是移民大镇，1958年全镇水库移民1635户8360人，仅有水田0.63平方千米、旱地0.86平方千米，人多耕地少，如此严峻的生存环境，移民有力无处使。

为了解决移民的吃饭问题，增加移民的耕种面积是办事处的首要工作。因此，办事处将全体工作人员分成6组，深入库区每一个倒流移民点及点外部分无人开发居住的地方。通过实地调查，办事处作出了开荒、移村、填库造田的规划方案，并向河源县委县政府作了规划汇报。河源县委县政府高度重视这一发展规划，在全县提出了"为移民建设保命田"的口号，要求全县各公社都要成立农田基地建设专业队，支援和带动库区移民"抓革命促生产"。于是，1975年冬，在库区6镇掀起了一场场轰轰烈烈的"开荒造田、移村造田、填库造田、改造山坑低产田"的群众运动。

根据顺天镇人多地少和土地资源潜力的实际情况，动员群众扩大耕地面积。县、社成立指挥部，县革委会副主任刘炳增任总指挥，顺天公社书记任副总指挥，在党演、朝东大队开展"移村造田"大行动。

河源电视台记者巫丽香在《故土家园》一书中这样写道："顺天公社党演大队是独立于库水之上的一个小岛，三面水，一面山，全大队1100多人仅有1.33万多平方米的山坑田。为了扩大农田面积，多收粮食，大队将两个平坦开阔的移民安置点迁至一座小山腰，在空出的屋基上填土造田12万平方米，为此，拆掉房屋1800多间，迁移移民200多户。在房屋与田地二选一的选项上，人们不假思索地选择了后者。来来回回的迁移漂泊，家随时可以装进笼柜担走，而田地却不可以，土地大于安身立命之所这样奇怪的逻辑，也许只有移民才有刻骨铭心的体会和深以为然。数十年后，顺天公社党演大队已改名叫顺天镇党演村。目前，该村洋楼鳞次栉比，在果园围绕的屋院浓荫里，年老的移民挥了挥手对我们说，这里曾经造过田呢！那一个时代已经渐渐远去，党演村搬出去又搬了回来。时间抹平了所有过往，田地曾经给予艰苦困顿的人们无限希望，谁又能说当年移村造田是一次毫无意义的折腾呢？"据了解，在大坪、朝东、党演、岩石等地，组织专业队800多人奋战90天，投入资金30万元，在顺天的山坡地上开出梯田0.54平方千米。

新回龙镇的立溪、东风自然村的38户196人是从惠东平山倒流回来安置的纯移民村，仅有山坑田1.6万平方米。之后，在其居住地右边的山坡上开垦梯田1.6万平方米，并在县水电局帮助下修通一条长达2040米的环山水圳，使梯田种上水稻；埔前镇的南陂、高围、莲塘岭和东埔镇的榄坝、墩头、白岭头等村的水库移民，也积极参加开荒造田，共开垦水田1.42平方千米、旱地0.76平方千米、梯田0.2平方千米。

库区锡场水库移民村，1958年安置的水库移民有115户637人，到1973年已发展到165户805人，但水田仅有6.8万平方米、旱地6.13万多平方米，每年要国家供应粮食指标14万千克。为了扩大耕地面积，增加粮食产量，根据水库村三面是高山，一面临库边的实际，提议劈山填库造田，得到锡场公社的支持，同时也得到驻村的省电力工业局工作队的肯定。劈山填库造田时，省电力工业局副局长童贯带领驻村工作队员与群众在工地上一道劳动。河源县移民安置部门和库区办事处在此地召开现场会，组织全县移民干部代表前去参观学习，号召水库移民向水库村学习，并提出"向水库要良田，闯过粮食关"的口号，掀起学大寨，自力更生，艰苦奋斗，实现粮食自给，减轻国家负担的行动高潮。

此外，安置区划给水库移民土地中，有一部分是山坑低产田，这些田有的土质贫瘠，有的则是出露碱水、湖洋水，产量不高。为了改良这些低产田，减少客水（即山洪水和长流水）侵蚀和露碱水、湖洋水的灾害，提高山坑田的含肥能力，办事处号召移民大力改造山坑低产田：①挖沟排除山边客水和露碱水；②改良土壤，增加有机质土壤，增施腐植质肥料。水库移民和广大人民群众一起，大力开展挖沟改土改造山坑低产田。源城东埔镇墩头村挖环山沟、排水沟5条，长4650米，使0.2平方千米山坑田排除山边客水和露碱水，水稻产量有了明显提高。漳溪公社樟下村移民针对山坑田是沙质土、土质贫瘠的情况，冬闲时给山坑田担"田生"（即增加客土）加厚土层，改良土壤。库区的锡场公社三洞、鹅公移民点，为了增加山坑田的肥力，在山坑田周边砍伐容易腐烂的植物，在田头地尾堆积"高温堆肥"腐烂后施到山坑田里，增加土壤的肥力，争取多打粮食。

通过造田改良的方式，确实给移民看到了希望，也确实加厚了移民的"饭钵"。尽管如此，因粮食缺口太大，移民的温饱问题仍然难以解决，尤其是那批没有得到承认的"黑户流离移民"，因为没有粮食指标，靠偷砍树木和下湖捕鱼来换取高价粮得以生存。

文件的出台和落实，
　　　　保障了移民的生产和生活

受甘背塘移民省城"告状"的影响，1980年9月，库区其他公社60多位倒流移民代表，前后分两拨走进了广东省电力局一楼礼堂，要求解决他们的身份及生产生活问题。

作为主抓移民工作的李建安副省长，更深感解决新丰江移民问题的紧迫性和重要性，并决定将"插队落户"倒流移民的安置工作列入省府工作的议事日程。

1980年12月25日，河源县新丰江库区办事处党委书记张汉卿接到县里的电话通知，省里要召开"解决新丰江移民遗留问题"工作会议，由他向省里做报告发言，时间是明天（26日）早上8点。通宵未眠的张汉卿匆匆赶到会场时正好是早上8点。会议由广东省副省长李建安主持。参加会议的有省经委、计委、农委、财政厅、林业厅、水电厅、电力局以及有关的地县和公社等20多个部门的50多个负责人。会议没有过多的"杂音"，就是直奔主题——解决新丰江库区移民的遗留问题。与会人员足足听了张汉卿3个小时的汇报，当他讲到移民的心酸、移民的苦楚、移民的艰辛时，当他讲到张明东副县长深夜领着移民到粮所借粮时，当讲到他来省里某些部门反映情况，被冠以"丐帮帮主"时，当讲到他在省某部门不但没有解决问题，还吐出一句"你们河源不要总是拿移民当摇钱树"时，张汉卿极力想忍耐的晶莹泪珠，还是在这个严肃的会场上滚烫而下，弄得与会领导人的表情十分凝重。会议持续了3天，针对汇报中提及的和之前省调查组以及移民上访材料中提及的问题和困难，会议都一一作出了具体的解决措施和统筹办法，并把问题落实到具体的部门。

在总结发言时，李建安副省长说："河源县汇报的情况很好，很详细，也很真实，讲清楚了移民目前存在的问题和生活状况，有血有肉更有典型。我们这次开的是小会，但要解决的是大问题。会后，希望各个部门各尽其责，加紧落实，尽快解决好新丰江库区移民的遗留问题。"

会后，李副省长问张汉卿还有什么意见时，张汉卿就直言道："意见不敢说，建议倒有两个。一是会中承诺的，会后一定要做到。之前，也开过多次类似的会议，会中发言踊跃，表示积极配合解决，会后谁都不理，问题仍旧是问题；二是省府要派专人督查会议决定的落实情况，督促对应部门兑现会议上的承诺，不要再让移民寒心了，不要再让我这个'丐帮帮主'高兴而来，负气而走了。"

李副省长拍拍张汉卿的肩膀安慰道："好，一定解决。谁甩手不管移民的问题，你告诉我，我亲自找他算账。"

1981年1月14日，广东省人民政府就把年末26至28日的会议精神，整理成《新丰江水库移民遗留问题工作会议纪要》，以粤府13号文下发有关省直部门和有关地市县社。

13号文提到"河源县新丰江库区人民，为了建成新丰江水电站，曾对社会主义建设事业作出了重大的贡献。20多年来，党和政府对安置新丰江水库移民做了大量工作，绝大部分移民已经得到安置。但是由于多年'左倾'路线的影响，以及实际工作中的缺点和错误，目前新丰江水库移民的安置工作，仍存在不少遗留问题，必须继续认真加以解决，这是一项直接关系到党和人民群众的关系，关系到安定团结的政治局面的重要工作。各有关地区、市、县人民政府，各有关部门必须加强领导密切配合，按照会议决定的事项，认真落实措施，把这项工作做好。"

13号文强调"省、地、县都要切实加强移民工作的组织领导，省电力局负责全省的以发电为主水库的移民安置工作，建议移民较多的地区要明确一位副专员或常委主抓，县要有一名副书记或常委主抓。新丰江水库设林管局，林管局在县委县政府领导下，统一管理库区五个公社群众的生产生活。第一把手由河源县委一位副书记兼任。"

13号文还明确指出，新丰江库区要利用1206平方千米山地，268平方千米水域改善移民生活；坚持"靠山吃山，靠水吃水"的原则，移民以就地就近安置为主，原则上不再外迁；库区要以生产为中心，贯彻以林为主，林、农、渔、牧、副综合经营，"以短养长，长短结合"的方针，落实各项生产责任制，使7000多名倒流移民住房、生产和生活上的困难逐渐得到解决。该文还对经费的使用作出规定："经费使用一定要专款专用，任何单位和个人不得克扣、挪用，不得浪费、贪污，违犯者视情节轻重，作严肃处理。"

1986年，省政府又出台了173号文。该文强调"水库移民为社会主义建设作出了贡献，各级政府和部门都应以高度负责的精神，从人力、财力、物力以及技术等各方面予以帮助。发生逼赶移民事件的要严肃处理。任何单位和个人不得侵占移民的房屋、宅基地、耕地和山林等，切实保护移民的合法权益……要继续贯彻《中共广东省委广东省人民政府关于贯彻执行中共中央中发〔1984〕9号文件的通知》规定的有关扶贫政策，凡列入贫困地区的移民村都按规定享受贫困地区的优惠待遇，不得以移民区有移民经费为借口而打折扣"。文件还指出，"目前，安置区经常发生山林土地纠纷，不利于移民安居乐业，各级政府要切实加强政治思想工作，加强法制教育，切实保护移民合法权益不受侵犯，对侵犯移民合法权益的行为，必须依法处理。"

1986年7月29日，国务院办公厅颁发〔1986〕56号文，在转发水利电力部《关于抓紧处理水库移民问题报告的通知》中阐述水库移民是水利水电建设中的一个重要问题，关系到库区人民的切身利益和水利水电事业的发展。目前全国有相当数量的水库移民尚未妥善安置。如不抓紧解决，仍是一个不安定因素。水库移民安置工作是水利水电工程建设不可分割的组成部分。妥善处理好移民问题是保证工程正常施工和正常运转的必要条件。由于过去对移民安置工作的复杂性认识不足，偏重于生活安置，而且组织管理不善，补偿标准低，缺乏优惠政策，有些地方将移民经费挪作他用，没有安排好移民的生产生活出路，遗留下许多问题，特别是一部分移民问题尚未完全解决，成为一些地区社会不安定的因素，也影响水利水电建设事业的发展。各级人民政府和水利水电主管部门应予以高度重视，切实抓紧解决。

1987年1月7日，广东省人民政府印发《关于省六届人大五次会议第26、32号议案的办理情况报告的通知》（粤府办〔1987〕3号）认为"移民问题还没有解决，移民地区耕地少，土质差，交通不便，医疗、教育条件落后，生产生活有不少困难，离妥善安置的要求还有较大差距。"该文还指出"各级政府要切实加强移民工作的具体领导，要由一位主要领导负责并指定主管单位负责解决移民问题，各有关部门要支持配合主管部门，做好移民工作，省人民政府分工一位副省长分管全省移民工作，并指定电力局主管省属水电厂水库移民安置工作，该局要指定一位副局长负责。"

1989年，广东省人民政府为保护水库移民的合法权益，还特意下发了《关于广东省维护水库移民土地山林房产权属的若干规定》的通知（粤府〔1989〕76号）。

规定指出："水库移民（以下简称"移民"）安置时，由当地人民政府划给移民的乡（镇）村集体的所有土地，包括宅基地、水田、菜地、旱地、园地、水塘、山林地和荒山地（含"四固定"后划给的土地），在交接时，无论手续是否完备，其土地的所有权和使用权一律归移民集体所有；经移民整治增加，使用达5年以上的土地或移民开垦使用5年以上的其他土地，已经形成使用权的，除国有土地外，其土地所有权归移民集体所有；开垦使用不满5年但权属无争议的也归移民继续使用；凡土地权属归移民集体所有的土地，任何单位和个人不得侵占，已侵占的要迅速返还。"

该文件还规定了"插村安置的移民属省地集体经济组织的成

员，在集体土地、山林的承包和财产、宅基地的分配等方面，与当地群众享有同等权利。"其中的第八条规定"对乡（镇）范围内发生的移民土地、山林纠纷，先由当地乡（镇）人民政府调处，当事人不服的，可向县人民政府申请复议；对于市、县范围内发生的移民土地、山林纠纷，由当地市、县人民政府处理；对跨市的重大纠纷，由省人民政府的移民主管部门和国土、林业、公安等部门共同处理，当事人对当地人民政府的处理决定不服的，可依法向人民法院起诉。各级人民政府在处理涉及水库移民土地、山林等纠纷时，要教育群众，切实执行规定，维护移民的合法权益。对未处理的遗留问题，亦应按本规定精神妥善解决。""要切实维护移民的正当权益，对于侵犯移民的土地、山林、房产、宅基地等合法权益，破坏移民生产生活设施，抢夺移民财产，逼赶移民者，要严肃处理；构成犯罪的，由司法机关依法追究其刑事责任。"

1992年12月28日下发的粤府〔1992〕180号文，该文就落实移民优惠政策方面作出规定："要认真落实中央和省对贫困地区包括水库移民的各种优惠政策。（一）凡未解决温饱的水库移民，在当年人均口粮不足二百千克，人均收入二百五十元以下，缴纳农业税确有困难的，由纳税户申报，经当地财政部门核实，报市、县政府批准给予临时减免照顾，农业税的减免指标在当地掌握的农业税机动数中调整解决。对尚未解决温饱问题的贫困户，按现行规定减免农业税。同时给予减免农林特产税照顾；（二）凡未解决温饱和尚未脱贫的移民其口粮未达到二百千克的，应重新核实移民的定（统）销粮指标，由市、县财政按新核定的指标给予粮食差价补贴"。并强调"为加强对全省水库移民工作的领导，省政府分工分管农业、工业的两位副省长管水库移民工作，并成立了移民工作领导小组，研究、协调、处理水库移民问题。凡是有移民的市、县（区）、乡（镇）政府，必须分工一名副市长、副县（区）长、副乡（镇）长主管移民工作，要设立和健全移民办事机构，适当配备精干专职人员，列入政府的行政事业编制。"

这些文件的出台，就是要进一步加强党对移民工作的领导，把水库移民工作摆上各级党政机关的议事日程；这些文件的出台，给广大移民的生产生活权益提供了有力的保障。

作为具体落实文件的执行者——新丰江林业管理局，在研究贯彻落实上级政府文件精神的基础上，根据移民区域的实际，在尽快帮助倒流移民解决住房、生产和生活困难时，找准落脚点，在扶持政策的运用上，多做"造血工程"。经过多方调查了解，大家认为发动移民群众种植茶叶，发展茶叶生产是一条比较切实可行的路子。为此，林管局在认真听取镇和管理区干部、移民代表意见的基础上，还走访了有几十年种植茶叶历史的锡场杨梅、涧头石坪、上莞仙湖等地的茶农及茶场的情况，组织各地的移民代表到近两年自发种植茶叶的双江、杨梅等地参观学习，并召开专题会议，对新丰江库区发展茶叶生产的可行性进行讨论，统一认识。参会人员认为，种茶符合新丰江库区发展的实际，并把种植茶叶和发展茶业的生产，作为解决新丰江库区移民生产生活出路的龙头项目来抓。

林管局具体做法是：帮助没有水田、只有山地的水库移民在两年内人均种茶面积达666.67平方米以上；人均水田面积在133.34平方米左右的水库移民，种茶面积要达到333.35平方米以上；其余水库移民只要愿意种植茶叶的都给予一定的扶持。选定在70年代"农业学大寨"时开垦的不能解决水利问题的梯田作为示范基地，成片种植。要求各生产队要集中选一两个比较平缓的山坡垦荒种植，使之成片成园，方便管理。扶持标准按新种的茶叶当年每666.67平方米补助240元，其中种苗费80元，肥料补助40元，投工补助120元，第二、三年每年每666.67平方米补助肥料费40元，管理费40元，第四年茶叶可以采摘，不再给予补助。这一政策大大调动了水库移民特别是倒流移民的种茶积极性。

半江镇大平村是一个没有水田的倒流移民安置点，共有72户378人，两年时间就在附近山坡上开垦种植茶叶55.6万平方米；涧头镇龙利村6户倒流移民联合起来种植茶叶6.8万平方米；到1983年，新丰江库区水库移民户种植0.33万平方米以上的就有1000多户。据不完全统计，1984年新丰江库区种植茶叶面积达到17.36平方千米，投放扶持经费880多万元。其中"仙湖茶""石坪茶"已成为河源市的品牌名茶，其经济收入成为部分水库移民重要的生活来源。

新丰江库区5个镇的水库移民，在认真种好管好茶叶的同时，还大力发展柑橘产业，做到一乡一品，有的种植温州蜜柑、蕉柑、椪柑、红江甜橙、年橘、茶枝柑等品种，总面积达23.45平方千米，出现一大批柑橘专业户、专业村。

双江镇沙岗移民刘国稳一家10口人，4个劳动力，1986年开始在家附近的山坡地里开垦6666.7多平方米山地，种下柑橘1000多株。1992年进入盛产期，收获柑橘300多担，收入14 000多元，从而摆脱贫穷，走上富裕道路；锡场水库村179户水库移民户，户户种植柑橘，1990年开始每户年产柑橘5000千克以上的有25户；

锡场镇河洞、石罗坑16户移民种植柑橘近百亩，年产柑橘约17.5万千克，单此一项人均收入约3500元。新丰江库区由于耕地欠缺，种茶、种果成为库区移民主要经济来源，除此之外，移民还种植杂果23.45平方千米，板栗33.34平方千米，这些产业已成为移民最主要的经济来源。

东源县移民办在移民中推广沙田柚种植，给水库移民户无偿提供沙田柚种苗，发放肥料和给予农药补助款，提供种植技术指导。仅3年时间，全县就有12个乡镇17个管理区办起了33个沙田柚种植基地，全县种植沙田柚面积7平方千米。为了取得种植沙田柚经验，增强水库移民种植信心，东源移民办下属的民发贸易发展有限公司在灯塔下围油鸭礁兴办了沙田柚种植场，种植沙田柚22.66万多平方米，并从梅县请来技术人员，负责场内和全县沙田柚种植户的技术指导工作，定期组织沙田柚的种植户到场内进行技术培训，学习种植、控花控果、灭病防病、杀虫施药、施肥管理方面技术知识，使全县的沙田柚种植得以全面推广，经济效益明显。在扶持种植沙田柚的同时，还积极扶持水库移民种植柑橘2.38多平方千米，板栗1.02平方千米，梨0.34平方千米，李子1.79多平方千米，柿子0.74平方千米，布朗1.57平方千米，枇杷0.71平方千米，荔枝1.07平方千米，为东源移民提供了生活保障。

源城区移民办根据移民安置点地处市区周边的地理环境，积极扶持移民发展"名、优、特、稀"水果生产，采取"统一规划，联片种植，集中指导，分户管理"的办法发展优质水果生产基地。水库移民在生产经费扶持下种下荔枝1.41平方千米，石峡龙眼0.63平方千米，沙田柚6667平方米，柑橘0.58平方千米，三华李0.51平方千米，青枣0.31平方千米。高埔岗农场移民户钟素胜在移民生产贷款支持下，利用山坡地开荒种植荔枝妃子笑350株、糯米糍150株、桂味600株、石峡龙眼150株。为了推动水库移民发展种果生产，源城区移民办还与源南镇墩头村联合办起了种植水果示范场，种植荔枝、石峡龙眼等优质水果0.42平方千米。另外，还投入移民经费180万元用于扶持水库移民村兴办0.33平方千米无公害蔬菜种植基地，有效地增加了移民的经济收入。

新丰江水库移民在迁移前就有种竹和加工竹制品的传统，历史上流行有"家有千棵竹，子孙万代都享福""篾刀一响，不愁钱粮"的民谣。迁移前很多移民户都在房屋附近的河边、小溪边、屋前屋后种竹，编织粪箕、谷箩、米筛、簸箕等生产、生活用品，多余的原竹或做成竹制品到市场上出售。迁移安置后，他们沿袭了这种习惯，很多移民安置点集体或个人都种竹。依据移民有种竹的爱好，河源市各级移民办事机构都把扶持水库移民种竹列入扶持项目，推动和扶持移民种竹和发展竹制品加工，增加经济收入。多年来，水库移民种竹面积达36.67平方千米，其中加工竹28.81平方千米，食用笋竹8.04平方千米，年竹子产值达300多万元，有效地增加了移民的生活来源。

新丰江库区锡场镇鸟桂村，属革命老区，全村总人口87户426人，其中移民47户230人，辖区面积40多平方千米，其中山地面积37.34平方千米。2005年开始，移民办事机构因地制宜，支持水库移民培育灵芝。2006年，该村6户群众试种灵芝4000平方米，产灵芝13 800千克，产值69万元，其中特困户廖德光，全家5人，劳动力1个，栽培灵芝333.35平方米，除去成本，净利润4万多元。为稳定灵芝价格，调动移民培植灵芝的积极性，防止因市场价格下调造成伤农事件，鸟桂村支部积极引进外资，注册成立

"东源县大叶山生态农业发展有限公司"，以"公司+基地+农户"的经营模式与村民签订保价收购协议（价格50元/500克），由该公司对村民生产的灵芝产品进行保价收购，包装上市。由此，增强移民群众发展灵芝生产的信心，进一步扩大生产，促进农民增收。2008年，该村125人共栽培灵芝2万平方米，产量3万千克，仅此一项全村实现人均增收6000元，走上了脱贫致富之路。

此外，河源市各级政府和移民办事机构还大力鼓励和扶持水库移民发展养殖业，制定了扶持水库移民发展养殖业的实施办法。20世纪80年代后期，利用移民经费带动、扶持水库移民发展养殖业的生产项目主要有养牛、养猪、养三鸟、养鱼；对个别有较好经济效益的养殖项目，经过可行性研究后，给予适当的支持帮助，得到了广大水库移民的支持和拥护，调动了水库移民发展养殖业生产的积极性。如新丰江库区新港镇杨梅村村民温建业在移民生产贷款资金的支持下，利用山地养殖母鸡2500只、公鸡300只，繁殖鸡苗出售，年收入达14万元。在他的带动下，该村有23户水库移民购买他的鸡苗进行山地养殖，每户年饲养量达6000只，年纯收入30 000元，而且由于山地放养，肉质好，在河源市场上形成了小有名气的"杨梅山地鸡"。东源县移民办事机构为了帮助、扶持水库移民发展养鸡，投入资金120万元，在灯塔兴办孵化场，该场占地面积5000平方米，建孵化房面积1400平方米，附属砖瓦房400平方米，购进孵化鸡苗先进设备一套、送货汽车一辆，每年孵化鸡苗16万只，由孵化场分送到移民村，分发给预订的移民户，并配上小鸡饲料，方便移民户从事养鸡生产。

扶持水库移民养猪，是一项脱贫的重要举措，河源每年都在水库移民生产经费中安排一定数量的资金，由移民办事机构购买小猪送到还未解决温饱的移民家里或由基层移民办将现金发放到移民手中。1988年，河源市扶持水库移民养猪资金178.21万元。这种扶持办法一直持续到1991年。即便如此，但也存在着个别移民户拿到现金或小猪后，由于经济困难把现金用在其他方面，甚至将小猪卖掉，换取现金用于解决其他问题。后来，移民办事机构改变了扶持养猪的方式，改分散扶持为重点扶持，使移民养猪有了很大的发展，移民户家庭饲养量增加，一批养猪专业户实行规模养殖，取得了明显的经济效益，成为水库移民脱贫致富的带头人。

养鱼是河源市移民办事机构扶持水库移民发展的项目之一。20世纪80～90年代，水库移民养鱼主要有下列几种形式：一是鱼塘养殖，在屋前屋后挖一口面积一亩多的鱼塘养殖鲢、鳙、鲩、鲤四大家鱼，除自己食用，也可出售。进入90年代后，部分水库移民把自己的责任田挖成鱼塘，实行专业养殖，获得经济收入；二是承包山塘、小型水库放养四大家鱼；三是在新丰江水库周围围起一些面积不大、水又不深的区域进行放养四大家鱼或在库内捕捞鲶、白鳝等比较珍贵的鱼种临时放养，待价而沽；四是网箱养鱼，库内少数水库移民用编织好的网箱拼成鱼排，放置水库中，放入鱼苗，进行人工投料养殖。后来，养殖的鱼种除四大家鱼外，一些专业户逐步引进了加州鲈、越南鲫、白花莲、桂花鱼、脆肉鲩等产量高、价值高的鱼种。扶持方式主要是购买鱼苗给水库移民，对专业户养殖，移民办事机构则给予免息的生产贷款扶持，一般当年借当年还，来年再借再还。新丰江库区内有8000多名水库移民以捕鱼为生。从20世纪80年代起，移民办事机构每年用移民生产扶持经费8～30万元购买500万尾以上的四大家鱼鱼苗投库养殖，以增加渔民捕鱼起水量，增加经济收入。对从事网箱养鱼的46户水库移民给予贷款支持，支持他们购买网箱或养鱼饲料。1988年，东源县、源城区扶持水库移民养鱼27.8万元，为水库移民的1.85平方千米鱼塘无偿提供鱼苗。水库移民的渔业生产，在政府移民经费的支持下，部分水库移民走上专业化生产道路，涌现出一批以养鱼为主的专业户。东源县水库移民有鱼塘面积7.75平方千米，源城区水库移民有鱼塘面积1.8平方千米，这些鱼塘大部分是专业户经营。在新丰江库区，除新丰江水面外，也在库边筑起鱼塘1.01平方千米，约20 000多名水库移民以养鱼、捕鱼作为家庭经济收入的主要来源。

河源市水库移民办事机构除了扶持水库移民发展三鸟、猪、鱼的养殖项目外，还对移民养牛和养蚕给予必要的支持。改革开放以后，农村实行联产承包责任制，水库移民一家一户耕作，耕牛奇缺。为了解决牛力不足，移民办事机构拨出专款，对确实没有耕牛的水库移民每户给予了300～500元购买耕牛补助款。后来有一部分移民户发现养牛是一项经济收入不错的项目，于是以养牛作为家庭经济收入来源。在种桑养蚕起步时，移民办事机构就在技术上、经济上给予大力支持。东源县仙塘镇龙利村是河源市"种桑养蚕"的第一村，全村水库移民以种桑养蚕摆脱贫困，解决了温饱。

2006年，中共中央、国务院发布了《国务院关于完善大中型水库移民后期扶持政策的意见》。文件规定从2006年起连续20年对大中型水库移民每年每人600元的生产扶持。这给广大移民极大的物质和精神鼓励，广大移民喜笑颜开，都说现在的政策好。

这一系列文件的出台和落实，为移民的生产生活提供了有力的保障，移民生活逐步好转，温饱得到解决。

文件的出台和落实，保障了移民的生产和生活

结束10年"黑人黑户"的生涯

　　重迁安置的水库移民，大部分都在自己选点或政府安排的安置点所在地稳定下来，生产得到发展，生活得到改善。但也有一部分水库移民在新的安置点仍处于不稳定的状态，特别是"插队落户"形式的移民，重迁安置后不久，又开始倒流回库区。

　　"插队落户"的移民到新的生产队落户以后，多数移民都有"寄人篱下"的感觉，生产生活和风俗习惯的不同，插队移民很难融入安置地的集体生活。而接受移民的生产队经过一个季度后，粮食分少了，劳动日分红低了，也逐渐有了怨言，个别生产队出现了排挤移民的情况。在获悉该情况后，县政府派出工作组到安置区做群众的思想政治工作，并及时帮助移民建新房，发放生产生活补助，但情况并没有好转。从1970年夏开始，"插队落户"形式的移民除集体落户之外，大部分分散重迁的移民又纷纷倒流回新丰江库区，成为新的倒流移民。这批倒流移民共1372户

8742人，其中半江公社317户2163人，锡场公社450户3005人，回龙公社208户1227人，双江公社252户1464人，涧头公社145户883人。这批倒流移民历经磨难，遭到不公正的待遇。从重迁、倒流到1981年重新安置，整整长达10年时间，3650个日日夜夜，他们经历了10年"黑人黑户"生涯。当然，这也是由特定的历史条件所形成的。

如回龙公社甘背塘移民，是"插队落户"到骆湖公社后又倒流回来的移民，他们中多数是1970年夏收结束后才陆续倒流回库区的，这批倒流人员共60多户389人，倒流回来后，他们靠上山砍柴卖木，下河捕鱼捞虾为生；重迁倒流回新港水库边的移民有60多户350多人，他们在新港水边山沟里搭木棚、茅屋居住，没有田，没有山，只靠做零工，到附近山里砍柴担到河源城出售，靠买高价粮过日子；重迁倒流回锡场圩镇的146户346人，原属非农业人口，倒流回来后，只能摆地摊，编织谷箩、粪箕维持日常生活；半江公社插队落户移民317户2163人，由于半江公社大都是高山峻岭，库边没有多少田地，为了生计，他们只能到山里砍毛竹、芒杆、伐木烧炭，再把木材偷运到新丰、龙门县出售，以此生活；双江公社插队倒流移民多数住在晓洞、杨梅、陂头、龙镇等库边，除了耕作部分山坑田解决口粮外，还采集石灰石烧石灰，销往库区的其他公社，日子过得十分艰辛。

这批重迁落户的倒流移民，确实给政府的安置工作带来一定的难度，有的是经由政府安置了好几回仍旧不满意，仍然要求再次安置。这一时段，正好是"文化大革命"时期，有的移民办事机构被撤销或瘫痪，移民安置工作处于无人过问的状态，导致移民"有苦无地言，有冤无处诉"的局面。当时，河源县革命委员会也确实做出过极"左"的决定，要求各公社要尽可能动员这些重迁移民回到原插队落户的生产队，对不听动员不回落户队的倒流移民做出了"八不决定"——不给上户口、不供应定销粮指标、不发给布票、不发给购物证（当时凭购物证购买定量煤油、火柴、红糖、肥皂和部分副食品）、不办理青年结婚证、不出具出外探亲或做工证明、不推荐这批移民子女读大学、不能加入合作医疗。这就是造成这批重迁倒流移民成为"黑人黑户"的真正原因。其实，这"八不"措施，就是要让这些重迁倒流移民回到原插队落户地，只要返回落户地仍然享受移民待遇。

即便如此，仍然无法阻挡插队落户移民回流库区的脚步。当年按插队落户模式进行重迁安置的移民共1260户6800人，其中有6640人倒流回库区；另外，还有2102名县内安置和县外安置的水库移民，也在70年代倒流回库区，这批重迁安置后又倒流回库区的移民共8742人。

河源电视台记者巫丽香在《故土家园》中是这样描述的：

由于离开安置地的版图，插队落户移民已没法再进入当地正常的生产秩序，获得生产和居住等物质保障。而在库区，虽然脚踩着家乡的的土地，却同样无法成为家乡的一分子。在粮食、布匹、食盐、煤油都需要凭票证供应的年代，家乡拒绝为这些移民提供这些指标……他们开始了长达10年之久的"黑人黑户"生活。

甘背塘村是今天新丰江库区新回龙镇的政府所在地，宽敞的街道和居民住宅一字排开，前面是辽阔的一湖碧水。甘背塘距离惠州市龙门县平陵镇仅13千米，2015年道路硬底化后，这个隐藏在水库西北角的桃花源，开始被人们所熟知。往来的游客带来了无比的繁闹，过客如云的山水之上，可以清晰地看到镇政府打出的招牌——库区的"马尔代夫"。而在40年前，甘背塘只是新丰江水库的一处水岸，长着蓬蒿、芒草和荆棘，蛇鼠出没。在更高的山上，则是山猪的天堂，一片葳蕤的杉林拔节生长。

偷砍树木、烧炭、下库捕鱼，是回流移民不得已而为之的营生。当年新丰江林管局带领大家开辟的"红旗山""革命山"等134多平方千米的林木，成为这批"黑人黑户"回流移民填饱肚子的救命稻草。天擦黑，他们从茅屋欠身而出，没入黢黑的山林中，在天亮之前，他们会抹去头上灰白的木屑，假扮成日出而作的当地人。砍树，锯成薄木板，再挑去约定好的接头地点——回龙与平陵的交界处交易，平陵人带着现金，一手交钱一手接货，这一切都是在黑暗中一气呵成。

那些年，库区黑夜里的木材交易可以用"猖獗"来形容。回龙公社连同东面的半江公社、锡场公社，这条黑夜里进行的木材盗卖之路绵延数百千米，席卷整个库区。每天晚上，满载木头的大卡车如同醉酒之人从回龙公社摇摇晃晃地开出。夜幕掩映下，人头涌动，车马纷杂，木板排阵，构成盗卖路上的肠梗阻……

回流移民从小规模偷偷摸摸砍伐林木到大面积轰轰烈烈的盗伐木材，一度让河源县政府焦急上火，县长钟钦祥曾亲自带领武装人员和林业人员巡山抓人。

俗话说，法不责众，且插队移民在落户区觉得难以生存才倒流回库区以砍柴卖木为生的个人行为，很难界定谁发动谁，谁影响谁。面对此种境况，1975年，经惠阳地委同意，新丰江库区成立"河源县新丰江库区办事处"具体负责库区移民工作，这个由河源县委派出的机构，结束了库区近10年闲散自主发展的状况。

　　1980年，两个月内3起新丰江库区移民越级上访的风潮引起了广东省委省政府的高度重视，决定委派省经委主任白汉秋、省电力局副局长刘国安等人组成调查组，对新丰江库区移民问题进行实地调研。已经改革开放两年了，农村已推行生产承包责任制，农民生活得到了很大的改善。但对新丰江库区无地可包的移民来说，仍旧在水深火热的边缘中挣扎，尤其是插队落户的倒流移民，住的是泥糊草盖的毛坯房，穿的是补丁加补丁的烂衣裤，吃的是难以下咽的杂粮野菜拌饭，这一切均令调查组的成员潸然泪下。他们回省后，连书面材料都没来得及写，就立即把各自看到的听到的移民问题向省委省政府领导做了口头汇报。倒流移民这种"住无房、吃无粮、行无路、出无船、病无医、学无上"的特困状况，令省委省政府的领导大为震撼。作为主抓移民工作的李建安副省长，更深感解决新丰江移民问题的紧迫性和重要性。同年12月26～28日，省人民政府由副省长李建安主持召开了"新丰江水库移民遗留问题"工作会议，省直有关厅局、市地县、新丰江林管局等20多个单位的主要领导，新丰江库区内5个公社书记也参加了会议，将"插队落户"倒流移民的安置工作列入会议的首要议题，并给出了具体的解决方案。

　　这一重任，再次落到刚刚恢复的"广东省新丰江林业管理局"（以下简称"林管局"）身上。林管局党委接受省府的任务后，把妥善安置这批无户籍的倒流移民作为林管局的第一件大事来抓，派出工作组协助各公社移民办对这批倒流移民进行造册登记，并向地区移民办、省电力工业局反映倒流移民的情况，得到了省电力工业局的支持。他们将当年分配给林管局的360万元移民经费，主要用于解决倒流移民的生产生活问题。在移民倒流安置规划方案没出台之前，采用"以工代赈"办法，解决倒流移民的生活问题，并对半江大平畲、锡场圩镇、双江杨梅、回龙甘背塘、双江下林、涧头龙利6个倒流移民较集中的地方实行特殊政策：当年下拨人均200元的生产款，每垦植666.67平方米茶叶补助80元，一月一次验收并发放补助，以解决倒流移民眼前的生活困难。其他倒流移民每年每人80元生产补助款，通过种茶种果领取生产补助，用以解决生活问题。各公社移民办下拨部分特殊困难补助款，给缺劳动力的倒流移民户发放困难补助；订造一批交通铁皮船、农用艇拨给确有需要的库内移民点，帮助解决生产生活上的交通难题。至此，经历10多年磨难的"插队落户"倒流移民才开始得到承认和初步得到安置。

为把这批无户籍的倒流移民安置好，省电力局移民科、惠阳地区移民办公室先后组织工作组会同新丰江林管局和有关公社，对倒流移民进行调查研究，广泛征求各方面意见，召开倒流移民座谈会，听取倒流移民呼声，经过充分协商，并经省政府批准，对倒流移民实施如下安置方案：①愿意返回落户地生产队的给予鼓励，发给搬迁路费和生产生活补助，房屋不能居住的或没有房屋的给予建房补助；②就地就近安置，有一定数量水田或可耕高程水淹田的地方，人均有0.33万平方米山地以上的可设点安置。3年内安排生产补助款，发展种茶种果、人工造林、建立生产基地。建房款每人420元，不集中建房；③倒流移民也可以自由选点，可到外县、外社、外大队落户，除按标准发给建房款外，还可以发给搬迁费。这样的安置方案得到了大部分倒流移民的拥护。经过2年时间的努力，倒流回库的移民基本上得到安置，大部分建起房屋，并建有一定数量的生产基地，回原安置点的倒流移民，此后再也没有发生倒流回库的情况。

1981年6月，为了解决这批移民的生产生活出路，经回龙公社以及林管局的努力，从小径大队转让了2平方千米山地成立了甘背塘林场，健全了林场领导班子，直属公社领导，积极投入生产基地建设。1981年秋冬，倒流移民在"以工代赈"政策的支持下，开垦高标准山茶带0.33平方千米。次年种植第一批茶叶。1982年又扩种茶叶0.27平方千米，各类果树0.2平方千米，到1983年春，甘背塘的倒流移民安置点人均拥有1333.4平方米的茶叶、666.67平方米的果树。52户倒流移民在移民建房补助款的支持下，都建起了泥砖瓦房，结束了

新丰江库区新回龙镇甘背塘村房屋改造点（图片来源于谢晴朗拍自《河源市省属水库移民志》）

10余年住茅棚的历史，生活逐步稳定。

锡场公社所在地横石大队是锡场公社无户籍倒流移民最为集中的地方，有倒流移民203户1140人，在落实这批倒流移民安置工作中，锡场公社将他们组织起来，成立了横石茶果场，组织他们利用周边的山地开垦林带种植茶叶，除在横石岭顶的背后牛江坪开垦荒地种植6.67万平方米柑橘外，还根据安置点处于公社所在地的优势，创办了竹木加工厂、果品加工厂，组织搬运队以及发动移民户经商和从事服务业，解决移民生产生活出路。

新港是新丰江水库进库的门户，又是新丰江林管局的所在地。1970年"插队落户"的移民开始倒流，有锡场插队到船塘的、有回龙插队到漳溪的水库移民，因原家园已无安身立命之地，他们就在新港码头旁边的山坑里扎棚落居，这批人共129户847人。到新港落居后，他们靠砍柴、打鱼、打零工、做小本生意赚点钱购买高价粮度日。落实省府〔1981〕13号文时，林管局与锡场、回龙公社商量决定在新港的豆腐坑、青菜坑安置他们，并成立了锡场倒流移民组和回龙倒流移民组，移民关系仍属锡场、回龙公社（后才迁入新港镇管辖）。为了解决他们的生活问题，林管局安排移民经费20万元，从新丰江林场转让近2平方千米的山地给这批无户籍倒流移民种茶种果，安排生产资金支持回龙组移民回到原居住地兴办"石街洞果场"，种植各类水果0.2平方千米，还安排生产经费支持兴办竹木加工厂。为了使倒流移民进出新港码头方便，耗资40多万元，"搬掉"了石龙场背后的山梗，使倒流坑与新港码头连成一体，填平两条山沟，扩大了倒流坑的土地面积，方便了倒流移民生产生活，经济收入也有明显增加，生产条件逐渐改善，生活逐步稳定，各户都先后在建房补助款的支持下，建起了一层或二层的混合结构的永久性住房。

除上述发展林果业安置这批移民外，粮食安置是安置中的重中之重。俗话说"兵马未动，粮草先行""人是铁饭是钢，一顿不吃饿得慌"。林管局党委书记张汉卿深谙此道。这批1372户8742人重新得到"身份"确认的移民，只要有了户口身份，才能有政府给予的粮食指标，只要有了粮食，才能从根本上稳定移民之心。

为了解决粮食指标问题，林管局书记张汉卿和移民科的张东海曾5次到省粮食厅反映请求，随后，省粮食厅、省电力工业局一行4人到新丰江库区调研。张汉卿将一叠印着库区生产队花名册的本子递给他们说："请你们选择调研地点，一切由你们自主安排，你点到哪我们就陪你们到哪。不然你们会说我做假，故意领你们到最差的地方去"。调查组的人笑了笑，不置可否地接过花名册，翻了翻，看了看，视线定格在双江公社的杨梅大队。

杨梅大队是1958年举村迁至韶关仁化铅锌矿场的，因安置地血吸虫病泛滥及工矿企业下放支援农业生产等原因，有半数移民倒流回库区。为安置倒流移民，1962年，河源县重新设立杨梅村，当年被老杨梅村民嗤之以鼻的"山猪窝"，已经成了新杨梅村的集合地。因人均耕地只有80平方米，1969年，地无三尺平的"山猪窝"被划为重点动迁地。经多方工作，在千余名倒流移民中，有500多人被重迁到船塘公社等地作为"插队落户"安置，而后又是以相同的情节举村回流"山猪窝"。1158名新老回流移民杂居一村，共同耕种4.53万平方米水田。有600多人有户口有粮食指标，那500多名安排插队落户的回流移民，成了"黑人黑户"，没有粮食补助，每年缺粮18万千克，这就构成了杨梅村复杂的人口和现实。

调研组一行人到达杨梅大队后，心情激昂的移民便围了上来，从平静诉说到悲伤哭泣再到愤慨骂娘，调研组一行人便成了倒流移民发泄不满和怨气的靶子。近似回归"南蛮"时代的围困方式，让省调研组一行人感知到了移民的心酸和疾苦。还好，他们就是为听取移民呼声来的，为移民解决问题来的。中午11点多，移民从激愤中回归理性，带着调研组的人员看了他们的4.53万平方米的耕地和一座座破败不堪的土砖房、茅草屋。当他们疲惫不堪地从杨梅村回到林管局时，已经是晚上7点多了。

晚饭是回到林管局吃的。黑夜静谧无声，大家默默地吞咽着碗里的饭菜，表情凝重的人群中也包含了曾经接待过张汉卿的省粮食厅的粮食专家。饭桌前的张汉卿和大家一样只字不提白天的感受，对着碗里的饭菜默默地吞咽着，似乎咽下的都是移民同胞的辛酸泪水。沉默了许久，张汉卿问道："4位领导，你们明天去的村庄选好了吗？"省粮食厅的那位专家道："还没有，待我们商量后再定吧。"

第二天早餐后，张汉卿再问他们定了没有，他们回答说，不用去了，把县委县政府的领导找来开会吧。在会上，省里来的人当场表态：一定帮助解决水库移民的粮食指标和移民较为集中地区的用电问题。

因为有了粮食户口，接下来的安置工作就好做了，8742名倒流移民经过自主选择，回到库内原生产队安置3000人，就地就近安置3932人，投亲靠友和自行解决安置地1810人。历经颠沛流离，"插队落户"的倒流移民和部分县内、县外的倒流移民，终于得到了家乡的承认和拥抱，结束了10年"黑人黑户"的流浪生涯。

在省水电厅的帮助下，库区移民先后建起了20多座小型水电站，解决了库区部分村庄的用电问题，虽然限于水流、天气、技术等因素，发电时断时续、时强时弱，但间歇性的光明依旧给山水深处的移民带来了无限的欢欣与憧憬。至1991年，距新丰江水库截流发电30年了，曾经为此作出过巨大贡献和牺牲的库区移民所能分享到的电力仍然为零，直到1992年广东省政府下发《关于进一步做好移民工作的通知》（粤府〔1992〕180号文）。当年，省电力局移民办拨款扶助新丰江水库移民危房改造和解决移民用电难的问题。至此，新丰江库区内的广大移民分享到自己奉献了30多年的"晶珠"成果，结束了新丰江库区移民用电难的历史。

5万"两缺"移民的新生

1958年，新丰江库区后靠安置的移民有2509户10 317人。历经13年反复的倒流、安置、再倒流、再安置。半江、锡场、回龙、新港、双江、涧头等6个公社，到1993年，新丰江库区内已有70个管理区，327个自然村有移民居住。人口已达46 385人，还有非农业人口10 084人，库区移民总人口达56 469人。水库移民中仅有水田5.59平方千米，人均100平方米；旱地3.3平方千米，人均60平方米；山林面积478.17平方千米，人均1.07万平方米。30多年来，库区移民全靠抢种高程水淹田和在山坡上种植茶叶果类等解决口粮和经济收入来维持生活。

半江公社大平村移民，是1969年插队落户回流库区的移民。倒流回来时，原迁出的生产队由于耕地面积奇缺，无法回到原迁出地安家，就选择在原是一片林木的山坡地作为居住点，后来落实倒流移民安置时，又不愿意外迁，只好留在这里定居。这里海拔300多米，距水库水面近200米高程，靠划小船到库边，再爬长达1.5千米又高又陡的山路才能到达安置点。这里有72户378人，没有水田，只有新开垦的4万多平方米山坡地。在安置倒流移民生产补助款的扶持下，在山坡上种植了53.34万平方米茶叶。大平村生产条件奇缺，生活很艰苦，除交通不便外，饮水、用电也极为困难，全村只靠一条小溪作为饮用水源。后来随着山林被砍伐和山坡地的开垦，小溪每年雨季才有水流出，冬天时则干枯断流。由于地势较高，10~20米深的水井都不出水。为了解决饮用水问题，当地移民部门投资10多万元，从几千米外的山沟里引水，但也只能供给饮用，浇菜洗衣的水仍然缺少。

锡场新岛是一个有7个自然村165户882人组成的纯移民管理区，这里三面环水，一面靠新港，是水库半岛，没有交通船，要走15千米的山路才能到达新港青溪。165户人家分布在20多条山沟里，从管理区到最远的龙溪自然村要走10千米，居住分散，交通极不方便。

新丰江库区大多数管理区不通电话，移民有急事要打电话时，需坐1~2小时渡船到公社所在地；公社要通知开会，也要提前两三天发通知。管理区办有小学，一些自然村的小孩上学，要走约5千米山路，很多小学生从一年级开始就带干饭到学校吃，或者在学校寄宿。移民部门虽然拨出专款架设了输电线路，但由于线长、线损和变损严重，移民用电电压下降严重，而每度电电费要1.5~2元，很多移民家庭用不起。此外，库区交通闭塞，进来的生产资料、生活用品成本高，价格昂贵，而生产的产品却由于运出去环节多、运费贵，失去市场竞争力，卖不到好价钱，导致生活质量下降。

新丰江水库建成后，首先原来通过陆路可以到达的村落变成必须靠交通船才能到达；其次是在水库移民安置时，库内后靠安置和后来多次倒流安置的移民过多，超出了库区环境的容量极限，大部分库内移民安置区不具备生产生活条件。

这些事关移民生存的根本性问题，早在20世纪80年代初就引起了省市县三级政府和有关部门的高度关注，地方政府和移民安置机构曾多次进行调研，并向上级有关部门报告，要求正视和想办法解决这些问题。

1994年初，河源市的省人大代表张明东、梁戈文、张鉴林、朱深寿等根据移民办事机构及移民的反映，了解到新丰江水库移民安置情况仍旧问题多多，移民生活困苦：1993年水库移民年人均收入不足700元，与全省农民人均收入1675元相比，相差甚远；移民地区的生产条件及交通、通讯、上学、看病、饮水、用电"六大难"问题仍然极为突出。70多个管理区不通电话、不通邮路，2000多间中小学校校舍严重不足，危房尚未改建，有40%的移民还居住在1958年或1961年冬修建的危房之中，尤其是粮价放开后，购销粮的粮差补贴与市场价格悬殊太大，移民无法承受。根据掌握到的实际情况，张明东等省人大代表以河源市代表团的名义，于1994年2月21日向广东省第八届人民代表大会第二次会议提交了《彻底解决新丰江、枫树坝水库移民问题刻不容缓》的议案。

这一议案引起了省政府的高度重视。会后，省政府先由省政府办公厅议案处、办公厅信访处、省电力工业局组成的工作组到河源市调查水库移民问题；之后，又由省政府副秘书长游宁丰带领工作组深入河源市灯塔、顺天镇以及库区回龙公社的立溪、甘背塘村，半江公社的大平畬、珠坑、百交村等地做实地考察，并认真听取了市、县、镇各级领导意见，及时向省政府报告了库区移民严重缺乏生产生活条件情况。1995年3月，欧广源副省长带领省政府副秘书长游宁丰、电力局局长吴希荣，深入到库区锡场镇长江、回龙镇立溪、新港镇杨梅村等水库移民较集中的地方再次进行调研，亲临现场体验水库移民生产生活的艰难情况。

　　1995年4月3日广东省政府省长朱森林，副省长卢瑞华、欧广源以及省有关部门领导在河源市东江宾馆召开了"省长现场办公会议"，中心议题是解决新丰江库区移民的"两缺"问题（即：缺生产条件、缺生活条件）。会议由副省长欧广源主持，他说，他先后到新丰江库区做了3次调查，移民为新丰江水库建设作出很大贡献，但无生产条件、无生活条件的"两无"人员（后下发文件时改称"两缺"）问题比较突出，他们耕地少、交通不便、信息不灵，如果再不采取新办法，"两缺"问题可能拖到下个世纪还不能解决。这次会议就重点解决这个问题。加快、加大力度彻底解决库区内"两缺"人员出路，各级党委、政府责无旁贷；目前具备了解决库区内"两缺"人员的条件，各级党委、政府要采取正确的方针、得力的措施解决"两缺"人员的生存问题。在继续贯彻落实省人大议案的同时，我建议用3年时间，省财政、电力部门筹集2亿元，采用造血型和开发型相结合的办法来解决库区"两缺"人员的生产生活出路，原则上从农业开发方面来进行补助，安排每人5000元；投亲靠友的每人补助1500元；过去已出去5年以上，有房子且有生活出路的，则由省政府帮助解决融入当地人口；库区内调人员每人补助1500元。这样就能从根本上解决库区"两缺"移民的问题。同时，他还指出，库区内"两缺"人员也要体谅国家的困难，既要国家帮助，又要自力更生。

会上，卢瑞华副省长也做了讲话，他说，我赞成欧省长的意见，把扶贫与解决库内"两缺"人员结合起来。现在不是钱的问题，也不是2亿元够不够的问题，而是投进去的资金能不能解决的问题。要搞试点，吸取外地经验，从库区内迁出以后，要保持长期的稳定性。

最后，朱森林省长总结讲话。朱省长说，这是一次很重要的会议，是对新丰江水库移民解决脱贫问题有重要意义的决策性会议，我们的意见是一致的。朱森林省长还说，要把解决新丰江库区内移民问题与灯塔盆地开发结合起来；新丰江库内5万"两缺"人员采取"外迁、内调和投亲靠友"是正确的。关于经费筹措，省政府三年内筹措2亿元：其中省财政1亿元、省电力局1亿元，2亿元要到位；河源市、县也要筹一点，要有所表示。此外，朱省长还谈到如何落实解决"两缺"人员有关政策和加强领导等问题。

会后，省政府于1995年4月27日下发解决河源市两大水库"两缺"移民出路的《工作会议纪要》。纪要指出"新丰江水库移民搬迁和倒流移民安置时，限于当时的历史条件，有部分安置点不具备安置移民条件的也安置了移民。有的安置点，由于人口的增加、环境容量发生变化，能够开发利用的资源空间不足，致使部分水库移民长期以来生产生活条件欠缺，并且随着时间推移，水库移民的生产生活水平有下降的趋势，出现新的不稳定因素"。"解决新丰江库区内'两缺'群众的脱贫问题，是我省扶贫攻坚战中一场很重要的战役，帮助这部分群众脱贫是党和政府的责任，也是维护社会稳定的需要"。且还规定"对已在深圳、珠海、惠州、河源等地居住5年以上，并已解决了住房，生活来源稳定的外迁户，由所在地政府给予迁入户口，并免收城市增容费和粮食风险金"。会议决定拨款2亿元，用3年时间，采取"外迁、内调、投亲靠友"三种形式，彻底解决库内5万"两缺"人员的出路问题。

省政府文件出台后，河源市委、市政府专门成立了解决新丰江库区内"两缺"人员领导小组，具体由市委副书记骆洪星负责，领导小组下设办公室，陈和邻任办公室主任，东源县委副书记陈茂质、县扶贫办马仕鑫任副主任。

新丰江库内"两缺"移民安置，严格按照1995年省政府在河源市召开的"省长现场办公会议"规定的外迁、内调、投亲靠友三种办法进行安排。

据统计，库内6镇"两缺"移民共49 895人，按照自愿原则自行选择三种办法中的一种：一是外迁安置建设了5个安置1000人以上的移民新村，安置移民9603人；二是有18 284人选择了投亲靠友迁出了库内，其中到河源市区及各县15 680多人，到外市县2604多人。移民办事机构帮助投亲靠友的"两缺"移民解决在当地入户外，还拨给每人1500元的补助款；三是选择内调的"两缺"移民共24 612人，内调移民得到拨款解决住房，建设公共福利设施外，每人还获得了1000元生活补助。

新丰江库内"两缺"移民安置工作从1995年6月开始至2001年7月结束，历时6年，投入总经费2.3亿元。外迁点和投亲靠友在河源市区入户"两缺"移民属源城区范围的，按市政府规定，移民关系划入源城区管理。

根据"两缺"移民的人口和困难实际，市领导小组于1995年

8月决定在涧头三条岗建设外迁移民安置点即"乐源新村",并于当年11月20日动工兴建。

1996年6月23日,乐源新村工程竣工,安排涧头乐坪、东坝、大禾塘、洋潭"两缺"人员365户2008人进住,并于6月28日举行落成庆典仪式,省政府、省人大、省电力局以及市五套班子领导参加庆典。

在乐源新村即将落成前夕,1996年3月,根据外迁规划要求,经市政府领导和东源县委领导研究,决定建设新源、丰源、江源、安源四个外迁"两缺"人员安置新村,并从东源县、市移民办、新丰江库区管理局选派人员成立了新源、丰源、江源、安源4个工程指挥部,动工建设4个"两缺"人员外迁安置新村。这项浩大的"两缺"移民安居工程,于1999年全面落成,"两缺"移民喜迁新居。这4个新村中,最先落成和动迁的是新源新村。

乐源新村牌门(谢晴朗 拍摄)

河源电视台记者巫丽香在《故土家园》一书中是这样描述新源新村落成,移民迁入新家园的心情和场面的:

1997年腊月26日,年味已浓。新丰江库区涧头镇好几个村子一派繁忙的情形,和往年扫屋、洗涮、准备年货赶着过年的忙碌不同,此时的村民正大包小包地收拾着家什,奔向政府为他们在市郊兴建的新源移民新村。

新田村村民赖其祥深夜两点就起来收拾东西，天蒙蒙亮时，一个家已收拾得妥妥帖帖，把皮卡车塞得满满的。当他将一块红绸布挂实在车头，回转身叫师傅发车时，一场天雨劈头盖下。又狠又急的雨，很快将天地浇成白茫茫一片。隔着厚厚的雨帘，他凝视着住了20多年的村庄，一种深深的依恋涌上心头，喜悦与酸涩如同两道河流，泾渭分明地在心里翻滚，一时间，他不知如何来形容此刻的悲喜交集。

赖其祥是政府解决新丰江水库"两缺"移民政策的受益者，他和村中200多名村民一样，被集体搬迁至河源市北郊的新源移民新村。因为一场晨雨的捣乱，皮卡车到达新源村时已临近中午12点，错过了原本选好的进屋时辰，还好没过中午1点。不过这小小的不足很快就被他忽略了。新村里，到处是忙着进新屋的人们。村中14栋5层高的洋楼耸立在平整开阔的土地上，构筑了一种区别于乡村的城市景象。农转非、住楼房，每家还分有一间临街店铺。这些开启好日子的物质条件，对于历经数次迁移的人们来说，如同苦海漂流到了终点。赖其祥喜气洋洋，将淋湿的衣被挂上新家的屋檐，一屋子的红红绿绿迎着阳光招展。

新源新村共容纳了534户2713位库区移民，涉及涧头、锡场、半江、回龙、双江、新港6镇，成为当时涉及面最广、人数最多的移民新村，也是规划建设5个移民村第二个落成的新村……

迁新居的那几天，鞭炮的硝烟日夜在新源新村上空涌动。一拨又一拨的人群，从新村门口的205国道下车，如同赶庙会一样。喜形于色的移民，以大宴亲友的方式，庆贺着压抑了40年的人生最为盛大的喜事……不同的传统习俗在同一幢楼房里上演，人们以惊奇的打量眼光完成了邻里之间的第一次相识。千差万别中，

"库区移民"成为楼房里的人们最为统一的标识，这也使得新村虽然人口复杂，在以后的生活中却有着近似大宅门的和谐……

在这4个新村登记建设过程中，即1998年冬，市政府发现新丰江库内"两缺"人员登记造册突破了省政府原定5万人的情况，要求库区6镇再次认真审核。市政府发布了"告新丰江库区人民书"，宣传有关"两缺"人员的政策，号召库区"两缺"人员要正确对待；并于1999年2月从市移民办和东源县公安局、纪检、库区移民办等部门抽调一批干部，组成6个工作组，每组由处级干部任组长，到库区6镇进行"两缺"人员核查工作。经过2个月的工作，最后核定新丰江库区内"两缺"人员为52 499人，其中外迁安置9603人、投亲靠友15 680人、内调24 612人，外市落户2604人。

新建的4个外迁"两缺"人员安置新村竣工后，新源新村安置半江、新回龙、涧头、双江、新港镇、锡场6镇，534户2713名"两缺"移民居住；丰源新村建房474套，安置锡场镇474户2234名移民居住；江源新村建房336套，安置双江、半江、回龙镇共336户1844名移民居住；安源新村建房201套，安置新港、新回龙、半江、锡场、双江5镇201户1025名移民居住。至此，"新、丰、江、安、乐"五大"两缺"移民村落共安置移民1909户9824人。同时，饮用水、学校、医疗站、交通、通讯、耕地、山地等生产、生活设施得到合理配套，基本解决了外迁移民在库内存在的"七难八难"问题。

1999年4月，按照市政府安排，市移民办事机构开始对投亲靠友的"两缺"人员进行审查和办理入户和发放补助款工作。

为做好"投亲靠友"到河源市区的"两缺"人员入户工作，

1999年5月14日，中共河源市委副书记骆洪星召开了有市粮食局、公安局、移民办，东源县公安局、粮食局、新丰江库区管理局领导参加的办理入户联席会议，强调对办理"投亲靠友"的"两缺"人员入户严格按政策办理，要提供优质服务。

河源市公安局组织埔前、高埔岗、水上、上城、下城、下角、环城、新兴、长塘、东埔、建设西、兴源等12个派出所40多名公安干警，对要求在本派出所辖区内入户的"投亲靠友"人员，进行了逐户核对。库区内6镇送来要求在市区入户的第一批13 315人，经查符合入户条件的有12 000人，1999年6月25日开始办理入户到10月底结束，"投亲靠友"到河源市区入户的总人数为10 300人。与此同时，对归源城区管辖的丰源、江源新村迁入的库区内"两缺"人员也按规定办理了入户手续，其中丰源新村入户2234人、江源新村入户1488人。

1999年12月，根据省政府〔1995〕15号文的规定，市解决新丰江库区内"两缺"人员办公室将要求到外市入户的水库移民有关材料报送省扶贫办审核。2000年5月，经省扶贫办审核，批转各有关市、县。按省文件规定，经迁出区、省扶贫办和迁入城市严格审查，有半江大平的许元建，锡场新岛黄治淡、新回龙南山的谢小荣、新港晓洞的刘金明、涧头涧新的李国新、双江下林的黄乃常等1200多人在深圳市区入户安家；半江渔潭李佰林等480多人在广州市办理入户手续，珠海、中山、佛山、韶关等市也给符合入户条件的新丰江库内"两缺"移民办理了入户手续。而投亲靠友到惠州市属的惠东、惠阳、龙门、博罗农村的新丰江库内的"两缺"移民由于经费负担问题，至2008年仍未给予解决入户问题。为了使这一工作顺利进行，市移民办派出专职人员与各市协调办理入户问题。

解决新丰江库外"两缺"移民是通过补助建房经费，扶持发展生产、改善生活设施的方法进行的。东源县新丰江"两缺"移民23 166人，总经费9266.4万元，每人补助建房款880元；源城区的新丰江"两缺"移民5167人，每人补助建房款880元；连平县"两缺"移民3214人，总经费1285.6万元，每人补助建房款880元；紫金县新丰江"两缺"经费23.4万元。按文件规定"两缺"经费除了补助"两缺"移民改善居住条件外，还用于扶持发展生产和改善公共福利设施。

源城区移民办用"两缺"经费补助东埔塔坑村，将处于桂山深山沟的移民39户203人搬到双下重建新居；东源县移民办帮助顺天的岩石、大坪、牛生塘等库边"两缺"移民居住地修建公路、架设桥梁，解决了行路难的问题；连平县移民办为7个镇，653户3214名"两缺"移民，把原先居住的泥坯屋改建为钢筋混凝土结构或混合结构的住房，改善了住房条件；紫金县对澄岭移民点房屋进行了改造，还给每户发放了生产补助款。

在办理"投亲靠友"问题的同时，"内调""两缺"人员经过核查后，也按市府〔1995〕58号文规定，由市"两缺"办拨付了补助费。

在基本解决新丰江库区"两缺"人员情况下，1997年，省人民政府划拨专项移民经费解决河源市东源、源城、连平、紫金等4个县区新丰江水库移民中"两缺"人员存在的住房、生产、生活问题。1998年，省人民政府又划拨经费给新丰江水库"淹田不淹屋"贫困群众改善住房和生产生活条件。

新丰江水库移民不是以房产界定的，在水库淹没线以下有房产、有耕地、户口又在当地的列入水库移民，享受移民待遇；房屋在水位线上，耕地被淹，不属于水库移民。被淹的耕地按每亩72.5元给予经济补偿，耕地被淹以后，剩下的耕地按"三包四固定"面积核定产量，人均口粮达不到每人每月15千克（原粮）的，安排补足15千克口粮的定销粮指标。

这些被淹没了耕地，又未享受水库移民待遇的群众居住在新丰江水库的周边，分布在河源县内库区的半江、锡场、新回龙、新港、涧头、双江、船塘、灯塔、东埔公社，连平县的田源、忠信、三角公社。1958年建设新丰江水电站时淹没的水田：河源县1.91平方千米，连平县0.62平方千米。

河源县船塘、黄沙公社居住在库边的非移民群众50个大队、100个生产队，2680户14356人。他们的住房都在119～120米高程之间，耕地原在116米以下多达0.97平方千米，仅黄沙公社就有31个生产队，涉及700多户3900多人；灯塔公社有6个大队、19个生产队，涉及50户361人。这些群众长期以来由于住在库边，原来的耕地被淹没，剩下的都是一些山坑田，土质贫瘠、水利失修、耕作条件差。虽然被淹的耕地国家都按每人每月补足了15千克（原粮）指标，但还远远解决不了这部分人的口粮问题，因而长期靠抢种水淹田解决粮食问题。

居住在库边的6万名群众，除了耕地严重不足外，水库的建成还给他们的生产、生活带来了诸多不便。由于水库的阻隔，"面对面走路要一天"，没有交通船舶，给居住在库边群众的生产、生活造成巨大的影响。

在"淹田不淹屋"的库边群众强烈要求下，新丰江水库"淹田不淹屋"的问题终于在1998年引起了省有关部门的重视。经过各级政府和移民部门共同调查研究，省政府于1998年下发了7号文，同意给予"淹田不淹屋"的库边群众发放补助，总金额为13053.6万元，其中新丰江库区3051.2万元、东源县4250万元、源城区2276万元、连平县3476.4万元。

按照省有关文件精神，"淹田不淹屋"补助款主要用于群众的房屋补助，生产生活设施建设补助，新丰江水库边有25 774人获得各项补助。

2000年1月，河源市委副书记骆洪星宣布解决新丰江库内"两缺"人员问题工作结束，留下一些收尾工作由市移办逐步办理。按属地管理原则，丰源、江源新村两个"两缺"人员安置点和"投亲靠友"在市区已入户的"两缺"人员都移交源城区管辖。

党的关怀和新移民政策的实施，使新丰江5万名"两缺"移民重获新生，广大移民从此过上了幸福安康的生活。

第五章 移民新村落

　　世事多变，万象更新，转瞬间，新丰江水库建设与10万移民大迁徙已经整整过去了60年。60年来，广大移民历经了匆忙搬迁、窘迫安置、倒流回流、重迁安置和"两缺"安置等艰难历程，最后，在党的关怀和当地群众的大力支持下，广大移民艰苦奋斗，团结奋进，与当地群众一起努力建设新家园，使生活水平逐步提高。进入21世纪后，在移民政策的扶持下，广大移民更是奋发图强，砥砺前行，为社会进步和经济繁荣作出了应有的贡献。

韶关南湖村、红星村

　　1959年 3月 19日，是河源南湖乡红星、五星、东升、星光4个农业社1177户4662人永远也不会忘记的日子。因为那天正是他们告别南湖原乡，移民到韶关仁化凡口铅锌矿的日子。

韶关仁化南湖村村委会办公楼（谢晴朗 拍摄）

　　韶关仁化原是一个十分险要的地方，是湘、赣、粤三省的交界地，1934年10月，红军撤离中央苏区进行二万五千里长征战略大转移时经过此地。红一方面军大部和中央纵队5万多人由赣南、湘南挺进粤北，在仁化县境内的长江、城口等地行军作战。在攻占国民党军第二道封锁重镇城口时，国民党从广州调来一个加强团的兵力增援城口。著名的铜鼓岭阻击战就是在这样的背景下展开的。红军以牺牲近200名指战员的惨烈代价，粉碎了国民党在城口就要彻底消灭红军的企图，掩护主力顺利过境，在红军长征史上写下了光辉的一页。在之后的抗日战争及解放战争中，这里同样是狼烟四起的战略要地，在凡口一带就曾发生过惨烈的战斗。据当地人说，我们这一带的有些地方，至今仍有可能挖出尸骨来。

今年73岁的肖景胜跟随父母来到凡口矿场时，已经13岁了，完全懂事了，他亲眼目睹了父辈们的艰辛。

他说，我们来到凡口矿场时，划给我们的地方别说房子了，连草棚都见不到一间，看到的全是布满蔓延衰草的荒野和冒着金色水泡的沼泽地。矿场似乎根本就不准备安置我们一样，只来了几个人，带着村里的领头人在周围走了一圈，说了几句话就走了。父辈们只好自己动手割草削竹，搭建简易蜗居遮风挡雨。之后，才着手搭建正式的工棚。我们搭好工棚安顿下来，采矿、炼铁成了父辈们生活的所有。采矿的生活十分艰苦，8点进入矿井，到下班从井里出来，除牙齿是白的外，露出来的地方全是黑的，根本就分辨不出谁是自己的父母。

几经磨难，移民干部原先宣传"你们到了韶关那边就是工人阶级了，不再是农民兄弟了，你们运气好呀，全家人都吃国家粮，有工资领，旱涝保收，你们有好日子过了"的那种优越感，在移民心中已荡然无存了；富饶美丽的鱼米之乡——南湖，只能成为他们茶余饭后的回忆或谈资罢了……

然而，做工人阶级美梦还没完全清醒过来的南湖工友们，在

　　"大跃进"带来的影响和3年的困难时期面前，他们的美梦破灭了。当时，物价飞涨，国民经济十分衰弱，社会主义建设面临重重困难。为了国计民生，1962年，中央提出了"调整、巩固、充实、提高"的八字方针，国家企事业单位的干部职工纷纷"下放支农"，作为进入凡口铅锌矿不久的移民来说，自然就成为精简的主要对象，他们又一次为国家的大政方针做出了牺牲。

　　1963年，从凡口铅锌矿下放的红星、五星、东升、星光的南湖移民，韶关市政府对他们进行了就地就近安置。原红星社的移民安置在离矿山5千米的董塘公社，沿用南湖时的"红星"之名安顿下来。原五星、东升、星光的移民安置在离董塘公社2千米处的几座小山坡周围。因来自3个农业社，用哪个社名都不合适，最终商定，启用南湖原乡之名扎下了深根。

　　南湖原乡已在河源的版图上消失了，而南湖原乡的红星、五星、东升、星光人，却在韶关仁化的董塘镇延续着南湖原乡的"乡火"。就这样，他们中的大多数人成为那片被董塘当地人群丢弃的血吸虫病高发地带的拥耕者。

　　也许，人们不会忘记，毛主席读了《人民日报》刊登的"余江县消灭了血吸虫"后，"浮想联翩，夜不能寐。微风拂煦，旭日临窗，遥望南天，欣然命笔"写下的《送瘟神》吧。

　　绿水青山枉自多，华佗无奈小虫何！
　　千村薜荔人遗矢，万户萧疏鬼唱歌。
　　坐地日行八万里，巡天遥看一千河。
　　牛郎欲问瘟神事，一样悲欢逐逝波。

　　春风杨柳万千条，六亿神州尽舜尧。

红雨随心翻作浪，青山着意化为桥。

天连五岭银锄落，地动三河铁臂摇。

借问瘟君欲何往，纸船明烛照天烧。

读了毛主席这两首诗词，想想南湖的水库移民，他们到韶关时还好好的，不知怎的在这片土地上生活了一段时间后，不少人染上了血吸虫病。身体发黄，肚子肿胀，如同老佝。染此瘟疫，如不及时治疗，很快就会离开人世。移民们本就缺医少药，哪里有钱"送瘟神"呀？为了心灵上的自我安抚和减轻身体上的些许痛苦，移民朋友就用土办法来对付日渐隆起的大肚子——将大锅注上水，人蹲进饭甑里，加猛火，使水蒸气透过饭甑，用热气打开人体的毛细血管，将"瘟疫"驱出体外，使发胀的身体稍有改观。这种治标不治本的疗法，一度被广大移民所接受，并被视之为灵丹妙药。每当夜色朦胧之时，这里便上演"要蒸吃唐僧肉"的闹剧，最终还是给移民们带来了无限的伤悲。

有的人选择了倒流，有一半的人选择了留下，做仁化这片土地的主人。留下的人没有给河源人丢脸，他们团结同心，共同建设南湖人的新家园。正如仁化县水务局主管移民工作的领导所说的那样"河源移民的素质就是不一样，他们传承'听党话，跟党走'的移民精神，敢打敢拼，硬是在这片贫瘠和被污染的土地上奋斗出一片新天地。仁化现有移民12 642人，河源移民就有4656人，占仁化移民人数的37%。河源人的那种勤劳善良，不忘初心，勇于拼搏的精神，在仁化县干部群众中是有目共睹的，他们目前的生活已经超过了本地人的生活标准，人均收入已经超过万元，而有的本地人，至今还在脱贫奔康的路上奋力前行。"

就南湖村而言，经过60年的艰苦奋斗，南湖村摆脱了过去的

韶关仁化南湖村抢修60年代建成的移民房。现由政府拨款维修保留（谢晴朗　拍摄）

韶关仁化南湖村文化广场（谢晴朗 拍摄）

贫困落后状况，走上了富裕道路。据村书记肖彩英介绍，全村1.2平方千米耕地中，有0.33平方千米属矿区1千米内被污染的土地，这些地全部由县政府以每亩总价880元租用，发展光伏产业，单这一项，全村年收入就达50万元；100%的移民户建起了小洋楼，人均居住面积达30平方米以上；村内的每个建房点都通了公路，并实现了硬底化；全村现有552户2453人，财产达100万元以上的移民户近40户，85%的家庭拥有小轿车；全村先后有300多人考入大、中专院校，有200多人成为国家公职人员，其中30多人为科级以上的公务员。南湖村成为董塘镇小有名气的富裕村、仁化县引人注目的先进村。

如今，仁化县委县政府又把南湖村作为移民重点村落来打造，通过对移民历史文化摸底调查，全面掌握仁化移民村历史文化的发展情况，包括移民历史文化的基本素材、历史沿革、历史建筑及其保存情况；总体评价仁化移民历史文化状况，发掘移民历史文化新亮点，为构建科学有效的移民历史文化保护机制提供依据；建立和完善移民历史文化档案和历史文化数据库、汇编成册，并提炼编撰书籍，建设移民文化馆，以进一步丰富并推动仁化旅游产业的发展，提升旅游产品的文化品位，全力推动县域经济社会的新发展。因此，在该村投入1500万元，建设移民文化展览馆、修缮1965年建造的客家方围屋，全面升级改造村道及通往村小组的环村道，并加以美化、净化和亮化，建设移民文化广场等，把南湖村打造成移民文化中心，推出移民特色菜，鼓励移民办民宿，大力发展乡村旅游。这几项民生工程要在两年内完工，到那时，南湖村将更加富裕更加亮丽。

红星村亦不甘落后，363户1664人，在移民政策的扶持下，该村在山地上主种柑橘，被污染的上百亩土地也交由政府搞光伏太阳能发电，近一半的人口返回国有铅锌矿工作，成为国企上市公司的职工。村里也彻底改变了以前"雨天一身泥，晴天一身土。一村一口井，半夜忙抢水"的局面。

据该村老人赖亚顿和罗秀英回忆：

移民之初，人们最怕的不是苦也不是穷，最怕的是死人。20世纪60年代初，除倒流回老家的人以外，全村只剩

韶关仁化红星村村委会办公楼牌门（谢晴朗拍摄）

下近千人，单因患血吸虫病而死亡的人数就有上百人。1963年，我们村下放到这里，当时叫凡口公社，面对着干旱的土地和冒着金色水泡的沼泽地，真是欲哭无泪。到1965年，我们才自己建起房子，全都是上五下五的方形围屋，简简单单的10余座围屋，挤进近千人居住；勉勉强强的粗茶野菜饭，用于填饱肚子；皱皱巴巴的粗布衣衫，用于裹暖遮羞；坑坑洼洼的几条土路，导致晴天一身土，雨天一身泥。这些，我们都不觉得是什么难事。当时，上千人的村庄只有一口井，完全不能满足我们基本的日常生活所需。就是这么一口井，还是石灰岩水质。人喝多了喝久了，身上的石子也多了，患肾结石的人也多了。据不完全统计，我们村的成年人90%都患有肾结石病，比当年的血吸虫病还厉害得多，好在今天的医疗事业发达了，否则不敢想象。后来，当地政府帮助我们兴修水利，引来小溪水，满足了我们耕种和浇灌之需。1999年，行政村通了公路，2005年开通了各村小组的循环路，2008年，全面实现了道路硬底化，家家户户住上了小洋楼，还开上了小汽车，人均收入突破了5位数。2009年，在县政府的帮助下，全村人喝上了干净的自来水，这是我们最大的盛事，为此，通水那天，我们还自发地庆祝了一番，以表示我们的感恩之心，因为再也不用喝石灰岩水质的"结石水"了，我们患肾结石的可能性就小多了，我们能不高兴吗？

在党和政府的关怀下，昔日的血吸虫病高发地，变成了今朝小康富裕的村落，南湖村、红星村焕然一新。

博罗新村、岐岗村

惠州市博罗县1958年至1959年，安置新丰江水库古岭乡（新回龙）移民2592户10 860人；1968年再接受自行选点、自行搬迁的岐岗移民80户380人，共2672户11 240人。60年来，在惠州市移民主管部门的指导帮助下，博罗县委县政府认真贯彻落实国家水库移民政策，关心移民的生产生活，大力支持移民村落的建设，使新丰江水库移民在安置区内安居乐业，生产生活水平逐年提高，村落建设日益完善，实现了"搬得进、住得下、有发展、能致富"的工作目标。据2018年统计，全县有新丰江水库移民4569户20 895人，分布在麻陂、柏塘、观音阁、杨桥、龙溪、罗阳等10个镇（街道办）、33个行政村、105个村小组。他们在移民政策的扶持下，不忘初心，团结奋进，完全融入当地社会生活，成为一方土地的主人，且已全部脱贫奔康。2018年，博罗县移民人均纯收入达到2.02万元，有的还超过当地人的生活水平。

罗阳新村

博罗县罗阳移民新村是由1958年古岭乡（今新回龙）的甘沛棠、兰范、蝴蝶地3个农业社的水库移民组成。辖地2.3平方千米，其中农田0.22平方千

博罗罗阳新村村委会办公楼（谢晴朗 拍摄）

米，园地4.33万平方米，林地0.43平方千米。当年移民162户808人，如今有10个村民小组483户1948人，有劳动力1100人，以外出务工为主，其中县内务工950人，县外务工150人。驻村企业有2家，个体户12家、农家乐4家。2018年村集体收入30万元，村民人均收入13 712元。

60年来，新村移民在当地党委政府的领导和群众的大力支持下，发扬自力更生、艰苦奋斗的精神，在这片荒芜的土地上重建家园，同创幸福生活。进入21世纪以来，博罗县委县政府高度重视移民的生产生活和村落的发展，决心把罗阳移民新村打造成当地的亮点村。2004年，移民新村完成了全村的总体规划。他们利用高速公路占地之机，将新村向市镇方向迁移。

新村建设总投资2000万元。300多栋独户独院的3层洋楼拔地而起，与宽畅的村委大楼、活动中心和文化广场连成一片，彰显出村落的大气亮丽与勃勃生机。如今的移民新村，历经广惠高速

博罗罗阳新村村文化广场一角（谢晴朗　拍摄）

公路、博罗中部通道、洲际工业园、鸿达工业园、北排渠等国家政府的征地，土地越来越少，只剩蝴蝶地3个小组的少量农田，城市化的进程越来越快。随着工业园的投入使用，新村人"洗脚上田"已成定局。目前，该村参加新型农村养老保险的人数有850人，参加新型农村医疗保险人数有1420人，300多名年满60周岁的村民，每月领取到400多元的退休金，加上村集体收入的分红，他们的月收入已超千元。

新村移民原居的古岭乡素有尊师重教的文化传统，是宋初岭南第一进士古成之以及他的后人铸造"四代四进士，一母三贵子"之地。古岭人世代流传"就是卖掉屎缸迹，也供子女上学堂"的客家土语，语虽土，但其志坚。自移民到罗阳后，村民更是把教育好后代作为村集体和每个家庭的重责。他们兴教助学，就是在极度贫穷的情况下，村集体每年投入村里小学的教育经费均在2万多元以上。2004年，高速公路开通后，严重影响了村小学教学的宁静，于是村里另辟土地建起了3000多平方米的村小学教学综合楼，并配齐所需的教育教学设施。由于重视教育，该村自移民到罗阳定居的60年间，先后考入大中专院校的学子就近500人。一个仅有1948人的小村庄，先后就有130多人从事过教育教学工作，从村庄走出去的国家干部职工超400人，副处级以上的就有30多人，厅级干部4人。该村曾多次被市县镇授予"教育先进村"的荣誉称号。

面对目前的发展趋势，该村的"两委"班子把计划重点放在大力发展村、组集体经济上来，充分利用鸿达工业园征地返还地、村小组留用地，采用村企合作的模式发展集体经济，增加集体收入。提前规划，找准机遇，充分利用闲置的老旧房屋的土地，适时推动旧村改造项目，把新村建设得更加美好更加繁荣。

龙溪岐岗村

1968年，博罗县龙溪公社迎来了300多位自行选点、自行搬迁的新丰江水库锡场乡岐岗村的移民。

该村的支部书记谢惠全说：

自1958年移民开始，我们这批移民就曾在河源埔前、锡

岐岗村村委会办公楼（谢晴朗　拍摄）

场、惠阳、龙门等地反复迁移。倒流回库区后，我们的家园没有了，就到了锡场治溪村子里，居住在原治溪拆剩下还没有淹没和倒塌的大墙内，用茅草避星光遮雨露。之后，我们选择投亲靠友的移民方式移到了龙门县的路溪村，这里土地贫乏，更是难以立足，挑出去的行李又挑了回来，靠耕种治溪的山坑田为生，生活

十分艰难。1968年，我们辛苦耕种的666.67平方米的庄稼，一夜间，被原立溪倒流移民的牛吃了个精光，村民一怒之下就打伤了他们的牛，因为这事两村就发生了一场械斗。我们人少，十几个人受了重伤。我们不服，就去串联移到外地的亲人准备大打一场，事态十分严重。河源县委知悉后，派出武装人员赶到村里才平息了事态往深方向发展，但两村关系已成水火，鸡犬不相往来。惠阳地区接报后，派员下来调解，认为确实难以和好了，就决定外迁一个村庄。因为我们是治溪的外来客，走的当然是我们了，就这样我们就到了现在的落脚地——博罗县龙溪公社，当地政府划给了我们0.53平方千米土地，从此，我们就在这里扎下了深根，并沿用了原家乡之名——岐岗。

我们刚迁移来时，仍靠集体务农为生，耕的是湖洋田，一不小心脚肚子就可能钻进一两条蟥蚂，更令我们难以适应的是饮水问题，我们这里的水多数都是盐碱水，水面上漂着一层黄色的成块的漂浮物，底下沉积着厚厚的黄色斑块，用手动一动就一块块地往上漂，村民们只好深夜到很远的地方去挑水。

改革开放后，实行生产承包责任制，我们村也同样把土地按户实行包干，粮食增产了，村民的肚子吃饱了，但想干点集体的事业可就难了。村两委班子集体商量，分别动员各家的亲属亲戚，支持村里走土地集约化道路。

在全面推进社会主义新农村建设的过程中，我们充分利用当地人缘和地缘的优势，大胆解放思想，勇于开拓创新，努力寻求适合我们村经济快速发展的道路和模式。"村委搭台，民营唱戏，整合资源，统筹兼顾"是岐岗人致富的诀窍。村两委把村企经济发展纳入村产业结构调整的大系中，把民营企业做大做强。

思路决定出路。在岐岗这个面积只有0.53平方千米的弹丸之地里，要想有所发展就必须合理有序地整合和利用土地资源。于是，我们按自主自愿的原则，经全体村民协商同意后，将村民闲置的土地统一收回，建立村级工业园区。实行统一规划、统一开发、统一建设、集约经营，所取得的收入按村民原占有的土地量，以每亩每年500元的标准作为租地费用发放给村民，这种做法得到了村民的拥护，当年就见成效，村民笑逐颜开，都说这种做法好。

据《河源市省属水库移民志》记载，2008年，该村的工业园区就引进大小企业12家，实际利用外资8000万元，形成以木材加工为主导的特色产业。全村从事木材加工的村民有28户，资产总额达4.5亿元，全村木材加工年总产值超7000万元。有1/3的村民从事木材加工或相关

岐岗工业园（谢晴朗　拍摄）

生产经营，雇用劳力500多人，外来人口近3000人。人口多了，又促进了村第三产业的发展。经过多年打拼，2008年村集体年收入80多万元，人年均纯收入达8000元，全村拥有各种类型车辆100多辆，村民银行（信用社）存款余额超千万元。岐岗移民村生活的改善，是岐岗人团结奋进、艰苦创业的结果。

现在岐岗村已经形成一种干群关心集体，热心村政建设，热

心公益事业发展的良好风尚。据不完全统计，近年来，岐岗村民捐助公益事业，扶危济困救灾等资金达30多万元；村委会投入资金740多万元修建公益设施。其中投资200万元修建岐岗大道，改善了村级交

博罗岐岗村文化楼（谢晴朗 拍摄）

通条件；投资20万元安装村道路灯，兴建了3个治安亭，安装卫星监控，保障村民生命和财产的安全；投资20万元接通全村自来水管道，解决村民的饮水难问题。

岐岗村经济发展后，村委及时引导村民转向创建县级"文明村"。先后完成了全村的总体规划，投资1500万元建成一个集商、住、学及办公、休闲文化广场为一体的配套完善、功能齐全的社会主义移民新村。更值得一提的是，一个当时不足千人的小村庄，居然建起了占地近500平方米的"岐岗村新丰江移民历史文化展览馆"，里面云集了传统客家农具、生活用具，如风车、石磨、谷笼、箩甲、蓑衣、尖顶斗笠、云鼎、鱼篓、火铳、犁耙、藤甲、水缸……它们积淀着时光的分量，见证着时代的风云，承载着客家儿女山长水远的来路，记录下他们将一座故园一个身家安放在这些坛坛罐罐中，用肩挑用背驼用手拉到异域他乡的艰难历程。残损、陈旧的物件，是他们的乡愁，更是他们建设新家园和砥砺前行的精神源泉。

50年来，岐岗人秉承客家人刻苦耐劳、敢于拼搏的优秀传统，充分发挥自己的聪明才智，克服了重重困难，从无到有，从贫穷走上富裕，成为博罗县3个县级社会主义新农村建设示范点之一，并顺利地通过了县级"文明村"的验收。其带头人村党支部书记、村主任谢惠全于2008年被国务院国有资产监督委员会研究中心授予第七届"中国改革优秀人物"的称号，登上了人民大会堂的颁奖台，受到了国家领导人的接见。这既是谢惠全个人和岐岗人的光荣，也是社会主义建设作出过贡献的广大移民的光荣。

如今，岐岗村面貌焕然一新：厂房大厦鳞次栉比，错落有序；水泥硬底化大道纵横交错，平坦宽畅；道路两旁的绿化带郁郁葱葱，造型各异；位于村中心的文化广场，设施齐全，功能完备；客家农展馆里，展出了上百种客家人的生产、生活用具，造型独特的"会聚楼"与农展馆连成一体，增添了人气和热闹；占地面积6万平方米的"一家一院、二层一片"的农民新居，与休闲公园文化广场连成一体，组成了一幅岭南新农村的壮丽画卷。

又10年过去了，村集体引进的企业有木材加工、电子化工、化纤五金等，已具规模。村里还兴建了一个占地6.67万平方米的木材批发市场，争取更多的有关企业项目落户，把木材加工产业做大做强。如今，岐岗的村集体收入和人年均收入比2008年翻了两番，1000多人过上了幸福安康的生活。

惠东移民新村落

1958—1959年，惠州市惠东县安置新丰江水库锡场乡和立溪乡移民1207户5106人，除后来倒流和重迁外，留在惠东落地生根的只有3/2的人口。现有1407户7450人，分布在梁

惠东县移民新村村委会办公楼（谢晴朗 拍摄）

化、稔山、大岭、多祝4镇和4个行政村（社区），组成22个村小组，共有山地0.93平方千米，耕地2.31平方千米。其中稔山镇新村和梁化镇埔仔村属纯新丰江移民建制行政村。60年来，在惠州

市移民主管部门的指导帮助下，县委县政府认真贯彻落实国家水库移民政策，关心移民的生产生活，大力支持移民村落的建设，使新丰江水库移民在安置区内安居乐业，生产生活水平逐年提高，村落建设日益完善，生产蓬勃发展，生活蒸蒸日上，2018年，新丰江水库移民人均可支配收入达1.93万元，有的还成为当地致富的领头人。

据惠东县主管移民工作的领导介绍：

新丰江水库移民勤劳务实，民风淳朴，团结进取，不但完全融入当地经济社会发展和乡风民俗，同时还保持着河源特有的文化风貌和热心公益的品格，遵从"人能尽其才，方能百事兴"的古训，涌现出了一批像古海洋、古新云这样的能人。他们在外创业有成，不忘情系桑梓，热爱乡亲，带动移民劳务输出，自觉捐款建设集体的公益事业，为当地经济社会的发展起到了积极的推动作用，也为建设社会主义新农村作出了贡献。

在惠东县稔山镇324国道旁有一个451户2466人的行政村——移民新村，人均可支配收入1.93万元，辖区面积3.66平方千米。简单的几个数据，构成了惠州市人尽皆知的"明星村"。

谁能想到60年前，新中国的一场伟大变革，使原本属于河源县"鱼米之乡"的治溪、双门和三门高级社的所有成员416户1788人，离开熟悉而富足的家园，来到这个陌生而又荒凉的稔山白云，随同他们来的还有300多头耕牛和难以统计的猪鸡狗鸭、猫鹅兔鸽等，成为异地移民和异地禽畜。

据76岁新村党支部原书记古观石回忆：

1958年6月成立河源县移民委员会，下设清库办公室、移民办公室、移民科，负责动员和移民搬迁安置工作。在移民大搬迁时，各部门成立移民安置领导小组，负责10多万名移民安置、建房、生产、生活及急需解决的问题。凡有移民清库任务的乡社，层层成立领导机构，以乡社为单位建立营连排班和移民清库突击队，划分"战区"，定地段、定人员、定任务、定时间，实行分片包干责任制。由于当时实行的是"重建设、轻移民，先搬迁、后安置"的方针，导致了后来移民倒流回库的现象。

我们村就曾发生了二次移民倒流的情况。第一次是1959年3月，因安置区没有建房，一家数口挤宿在他人借给的一间房内或在公共场所集体打地铺，这对我们这些来自"鱼米之乡"的人，生活十分不习惯，更有寄人篱下之感。加之这里土地贫瘠，有句顺口溜"割草草芽花，耕田白眼沙。雨天泥裹脚，天旱喊阿爸"。因此，出现了移民第一次倒流，这次倒流没多久，就被有关部门送回新村；第二次倒流是因为台风频繁，一个月的时间里就刮了7次台风，1961年的那场强台风，推毁了我们新建的80%的房屋，这一次导致大规模的倒流。在动员倒流移民回安置区时，先集中召开会议，做思想政治工作，让大家提意见，返回安置区。对于不愿返回安置区的，采取高压政策，使移民再次返回安置区。

河源电视台记者巫丽香在《故土家园》一书中是这样描述新村移民的（引用时有删改）：

在迁移的人群里头，也包括一个叫古维国的村民，20岁的他跟着家人，在陌生的地方以陌生的身份重新开始。和大多数人一样，古维国一家8口暂住在当地村民的老屋祖祠里。移民新房正在建设中，泥砖垒砌的房屋整齐划一，像一排排火车窗格。建房任务急重，加上"浮夸风"的劲吹，这种由"泥砖不干就上墙"

的"跃进"出来的房屋，先天不足，后天无力，1961年的一场十二级台风把村里80%的"跃进房"刮倒，半数移民不得不选择了倒流之路，陪同移民越过万水千山的300多头耕牛，也有一半多跟随移民倒流回库。

古维国的父亲是大队干部，他不能带头当"逃兵"，古维国也只能以父亲的选择为选择，留在了稔山白云，娶妻生子，繁衍生息，成为白云新村坚定的建设者。"台风毁了我们的房屋，我们挺起脊梁咬紧牙关重新建"。落居新村不久，古维国的儿子古海阳出生，他是治溪移民中的首位"移二代"。之后，古维国与多数移民一起进入新成立不久的稔山国营农场工作，领着微薄的工资，辅育着古海阳成长。除了移民，农场的工人还包括印尼华侨和当地农民。农场只运营了两年，便在经营不善中草草收场。还好，在紫金山下留下了大量可以耕种的峯地，使之成为治溪乡1000多名移民的衣食之本。

1986年，和沿海农村地区所有青年一样，古维国的儿子古海阳踏上了外出打工之路。伴随着特区开发的热潮，极具商业头脑的他很快在房地产领域淘得第一桶金。1995年，古海阳在家乡办起了第一间电子厂，生意从此一发不可收拾。在工厂的生产线上，整条生产线都是新村人，最高峰时达400多人，众多工友同村同姓同门同宗，成为古海阳工厂极为独特的一景。

生活好了，"日求三餐，夜求一宿"的观念在移民心中悄悄地发生了改变。1997年，富裕起来的稔山移民，先人一步进行社会主义新农村建设。从那一年起，村庄历经大手笔的规划建设，完善了河堤、道路、路灯、学校、广场等生活基础设施；2008年，新村设立教育基金会，花重金奖教奖学；2016年，新村投资近百万元兴建光伏发电项目，实现了"自然村，村村有产业，年年有收入"的目标。物质丰盛之外，是纯正的世道人心：村里每年为60岁以上的老人发放老年补助

惠东县稔山移民新村文化广场（谢晴朗　拍摄）

金，扶助成绩优异的孩子上大学，"三八"妇女节，开席百桌，为妇女老幼摆上大盘筵。从温饱到富足，从简陋到华丽，在稔山新村走过的重要发展节点中，除了当地政府和移民部门的大力支持外，还有古海阳等乡贤的反哺。他们以朴实的言行，给予了稔山社会主义新农村建设有力的支持："请大家放开手脚搞建设，不够钱，我们垫。"多么慷慨激昂的语言，给乡亲们吃下了一块颗定心丸。

人生的拼搏奋斗，以家乡发展为刻度与坐标，古海阳等乡贤以自己的言传身教，开启了一座村落的大同理想。共同的信仰，使稔山新村绽放出和谐美好的"大同"气象。"传承家风，追求大同"已经成为稔山移民的共识。村中新建的古氏宗祠和何氏宗祠就是最好的见证。典型的府第式围屋结构，极尽雕饰，富丽堂皇。古氏宗祠青砖绿瓦，燕尾屋脊，展翅欲飞的娇美玉峰形象对应着祖祠的座山——玉峰山。宗祠主奉古氏十二世祖政公，一面墙壁上的祠志刻有"崇祖德，岁岁祭祀无缺"的文字。何氏宗祠，前堂屏风，左侧悬挂富丽的村庄图景，右侧则悬挂新丰江水库大坝的照片，一南一北、一新一旧的两张照片，对比强烈地被

纳入了肃穆的祠堂。如今，这两大祠堂均被惠东县列为不可移动的文化遗产。

在物质无忧的现代家园，村民以香火的供奉，祭奠精神上永不磨灭的故土。除了庄重的纪念，每年的中秋节前后，村民

惠东稔山移民老人在新村文化中心活动（谢晴朗 拍摄）

还会重回新丰江老家，对着碧水环绕的山尖匍匐鞠躬。为了却思乡之情，新村人用自己的彩笔绘出了治溪、河洞、双门村地理示意图和各屋及地名、设施分布图。甲子沉浮，起起落落，在刹那间，一切风云已轻淡。水有源，树有根，一片印刻着祖先来路的苍天厚土，却成为远游人的心安之处，千秋万代，永不磨灭。

日久他乡是故乡。当初被本地人称之为"山牛"的新丰江移民，已经成为不折不扣的"当地佬"。60年白云苍狗，守望着传统，传承着家风，追求着大同，他们正一步步地向着更加美好的明天迈进。

深圳建新村、前进村

居住在深圳龙岗的建新村、前进村移民，最初是安置到惠阳县的，家具都全部搬到惠阳安置点了，由于行政区划的变更，河源县转为韶关专

龙岗建新村村委会办公楼（谢晴朗　拍摄）

区管辖，为争取劳动力，韶关专区决定把他们这批移民转为县内安置，被安置到东埔公社太阳升大队的石柱和茅塘生产队，即现在河源市区客家公园一带。由于土地贫瘠，水利不过关，三年两不收，生活条件极差。

89岁的黄传盛和74岁的肖观桂回忆说：

我们在石柱、茅塘生活的10年间，走的是石子路，耕的是石子田，垦的是石子岗，全是望天田、望天地，长出的水稻是笔直的，亩产200斤算是丰收年了，旱地上种下的番薯手指般大小，常年靠吃糠咽菜过日子。因我们的山地都被淹没了，想倒流回库区都没地方去，只好到河源县府上访，请求重迁安置，最后，河源县答应了我们的请求，让我们自行选点，自行搬迁，县里协调，下拨搬迁经费。

1968年，在黄治发的带领下，我们选择在宝安县龙岗公社爱联大队最偏僻的黄阁坑（即今深圳大运村一带）安居。原本我们打算全部搬离石柱和茅塘，因有的人怕再次搬迁后，只有38户158人搬出，就这样我们才来到这里。

当地公社、大队不但给我们安排了宅基地，还划拨0.2平方千米水田和旱地给我们耕种。河源县移民办事机构给我们下拨搬迁费用，还协调宝安县水电局帮助我们建起了房子，宝安县派来两名干部长期驻村，及时帮助我们解决生产生活问题，并连续3年给予粮食指标补助和解决农具、耕牛、化肥等问题。我们搬迁到当地后，独立建房，组成建新、前进两个生产队。

他们在选定做宅基地的地方点火焚烟，建房栖息；他们造田，在没腰深的荒草丛中披荆斩棘，开荒种地。他们在2000千米外开渠引水，使易旱的水田免受旱灾。据老农说，这里的土地全是沙质土，用牛耕地，按水流方向起耙，耙完666.67平方米的地，稍顷，刚刚耙过的地就不是浑水而成净水了。就这样，他们挺过来了，稳定下来了，硬是在这片贫脊的土地上创造出了新的"世纪"。

改革开放后，特别是深圳划为特区以后，他们充分发挥自己的优势，利用自己的土地建设厂房，引进来料加工，仅租赁厂房便获得可观的经济效益，集体经济不断壮大，到2008年集体资产达到1100万元，移民户收入大大增加，家家户户建起了五六层的钢筋水泥楼。进入21世纪后，建新村、前进村人更是笑逐颜开，他们搭上了旧村改造的列

龙岗前进村村委会办公楼（谢晴朗　拍摄）

车，把矮楼变高楼，挤出土地做市场、开酒店、办公司，集体资产再翻番，村民分红自然也翻番。如今的建新村、前进村人，百分之八九十的家庭都购买有家用小汽车，过上了富足安康的都市生活。

　　50年的守望，50年的奋斗，建新村、前进村人在当地党政部门的领导下，在特区政策的驱动下，已经完全融入大都市的生活，他们决心向着更高的生产目标和更高的生活水准攀登。

"两缺"移民的新村落

河源市"两缺"移民新村和移民小区建设，从1995年6月开始。1999年底结束，先后建有新源、丰源、江源、安源、乐源5个移民新村和涧头圩镇、新回龙圩镇、半江圩镇3个移民小区。这些新建设的移民新村和移民小区人口均达1000人以上；房屋均为混合结构或框架结构，按二房一厅、三房一厅、四房一厅的布局设计，配备有卫生间、厨房，人均面积不少于15平方米；有自来水和用电设施；新村或小区均与公路连接且道路实现硬底化；排水排污系统齐全，并配有村委或居委会办公楼、农贸市场、学校、卫生站、文化室或文化广场，配有电视、宽带接受系统；有条件的移民户可在住房底层使用门店。这里按新源、丰源、江源、安源、乐源5个移民新村的顺序分别简述如下。

新源新村

新源新村隶属东源县新港镇，是贯彻省长朱森林于1995年4月在河源现场办公会议精神，落实新丰江"两缺"移民安置工作，解决库区移民外迁安置兴建的移民新村。

新源村综合楼（谢晴朗　拍摄）

该村位于东源县城205国道边，与仙塘镇徐洞村、木京村相邻，社区占地面积4万平方米。1996年5月动工兴建，1997年12月竣工，16日入住，按人均1.1514万元投入，共安置新丰江库区半江、锡场、新回龙、新港、双江、涧头等6镇，534户2757名移民居住。安置的方向是按新县城建设模式，人口相对集中，是采取移民安置与商贸相结合的形式进行建设的。该移民村的建设占地面积2.6万平方米，建筑面积3.5万平方米，人均住房面积达到12平方米以上，按商业街设计建有14栋6层楼房，9条街道，每户配有小商铺，后期投入资金405.5万元，共投入资金3580万元。

1998年经批准由村改制为居委会管理模式，2002年经批准由新港镇人民政府管理。

新源移民安置点现有移民人口778户4354人，党员130人，社区"两委"干部7名，设有社区综合大楼，建筑面积4500平方米，配套有党员群众活动室、社区公共服务站，家长学校，农家书屋、卫生计生服务站等。社区文化广场占地面积1200平方米，内设篮球场、乒乓球台等设施。建设社区临时市场1200平方米，

新源村市场（谢晴朗　拍摄）

共80个档位；用最低的价格租给村民经营，解决了社区约300人就业。采用招商引资与开发商合作模式，建起了占地面积1349平方米的高楼，一、二层物业属集体所有，并在此两层引进大型超市，增加集体收入及增加社区居民就业，村民人均年收入达13 000元。78岁的赵桂平说："真想不到我还能过上不愁吃不愁穿不愁花的城市市民的好日子。"

在谈到移民岁月时，这位老民办教师的眼睛有点湿润了。他说：

我们村原是韶关新丰县半江乡的辖地，1957年半江全乡都划给河源县管辖。1958年移民时，我们村属半江横崀后靠移民，本来我们那里土地就少，又是山高路陡地，再往后靠，土地更少了，路更陡了，用一句"地无三尺平"来形容也毫不为过。因此，乡亲们的日子过得相当艰难。一个村900多人只有几万平方米山坑田，除了正午有阳光照射外，早晚均见不到阳光，产量相当低，粮食严重不足，村民几乎都是用杂粮野菜充饥。村里有几个青年，因肚子饿得十分难受，就到山上采摘野果，见到羊角扭的果子又大又长，就摘来吃，结果双双被毒死。购买油盐、煤油等日常用品就靠砍柴卖木和烧炭来维持。这样的生活，我们整整过了10年，直到1969年，县里动员我们到顺天插队落户，我们村有超过半数的家庭自觉报名去插队落户，我家就被安置到顺天横塘大队。由于我是民办老师，到横塘后就在大队的一所分校任教。我家在横塘生活了两年，因家庭人口多，是超支户，母亲执意要返回老家，我很无奈，只好跟随他们倒流，从此，就结束了我的教师生涯，来到了一个叫大坪峯的地方安家。因为缺水，我们这批倒流移民只有少量的耕地，多数峯地靠自己开垦。我们的主导产业就是种茶，多数家庭都种有1.33~2万平方米，多的有6.67万平方米。因为我们这批倒流移民，没有得到政府的认可，成为"八不"的"黑人黑户"。一年到头全指望茶叶和烧炭换钱，买高价粮吃，日子过得比插队时还难受，这样的生活我们又过了10年，直到1981年落实移民政策，我们被安置在太平峯林场，全村300多人同样以种茶造林为业，领取固定的钱粮补贴。

15年过去了，党和政府没有忘记我们，为我们安置了新家。我永远也不会忘记1997年12月16日，因为这一天是我们这批"两缺"移民搬进与市、县均不足两千米的新家——新源移民新村。为庆祝我们的新生，喜形于色的移民，以各自家乡的风俗习惯，举行乔迁新居仪式，有的牵着耕牛，有的抱着公鸡，以示避邪避灾；有的挑着火盆，两头挂着长命草，以示红红火火，长命百岁；有的在木梯上挂上老少的新裤子，以示生活节节高代代富。但愿这批移民能得偿所愿，过上红红火火代代均富的好生活。

53岁的社区主任黎贵雄对笔者说：

我们在库区的几十年，多数移民都是靠竹木生活，我们刚搬进新源新村时，就是由原来在库区时做牙签和做爆竹的传统手工艺支撑起我们的生活来源。我们办起了牙签厂和爆竹厂，从此，我们村的移民过上了自给自足的城市生活。

城市工业化的春风，燃起了新源村民的希望。2003年，新源新村迎来了华丽转身的机遇，实现了村集体的第一次飞跃——成功地将13.33万平方米的生产用地转让给仙塘徐洞工业园，完成了第一桶金的原始积累。他们投入了部分资金，改变了村容村貌，扩大了牙签厂和爆竹厂的规模，村民得到了更多的福利。随着徐洞工业园的兴盛，数量众多的务工人口带来了巨大的消费需求，出租档口、商品买卖成为村民新的发展商机，且占据了村民收入的大头。

2006年，中央后续扶持移民政策出台。在移民资金的帮扶下，新源新村实现了第二次飞跃，村内道路、地下排水管道、屋顶太阳能等设施完善一新，一栋4200平方米的村委综合楼、一座700多平方米的集贸市场拔地而起，使村集体收入再次飙升，首次突破了百万大关。

由于住房人均面积不足12平方米，县人民政府在2003年征收社区移民的生产生活用地时，承诺划回一定数量的土地给我们村开发建设。目前，县政府已将位于仙塘镇镇南路，按534户原移民人口，每户分配有60~80平方米不等的建房用地划给村民，整个安置区占地面积6万多平方米。这个住房改造计划已于2017年提上了村民的议事日程，决定集体出地皮，兴建15 300平方米、32层高、共534套的移民自建楼，实现人均居住25平方米的目标。目前已有400多户报建。接下来他们将进一步开展招商引资工作，与合作商共同开发和改造老社区，在一、二层物业引进大型超市，增加集体收入及增加社区居民就业的模式，将现存25 000平方米的老社区进行改造。这两大目标如能完成，他们坚信今后的日子会越过越好。

河源电视台记者巫丽香在《故土家园》一书中这样描写新源村移民生活的：

身处闹市之后，库区的山水，成为新源移民割舍不下的另一座家园。年末岁初，新村总会全村出动，从新港码头出发，穿越浩淼的库水，抵达山水深处的各处老屋祖祠。简单的拜祭仪式相续不断，从移一代到二代再到三代……山长水远的拜祖之路，逆时光而上，曾经艰辛的漂泊一一闪现，如此年年重复，便成了一种看不见的精神自省自重——识得来路，方不忘初心。

新源新村的崇文学校原是一所纯移民子弟学校，这些年向外开放，也考进了许多外来就读的孩子。这所上千人的学校，寄托了新源新村移民最美好的愿望：人穷多读书，人富更要多读书。新村除了每年拿出资金作为奖学金外，频繁召开的家长教育会议，更是每位移民记忆深刻的体会。身体力行，言传身教，为移民后代树立了榜样。这些年，新源新村每年都有20多个孩子考上大学。

家门口的高楼，每天都以春笋般的速度生长。城市日新月异，在感受着一座城市发展变化带来的幸福之时，新村移民总会记得1997年年底的那一场抓阄。透明玻璃樽里装着写有房屋名号的字条，无数双手伸进玻璃樽，取出，缓缓摊开，花团锦簇的好日子随之而来。那一双手，更像是命运之手，在经历艰难苦痛之后，一群印着深重标签的人，终于抽得一张好牌。奉献与付出有多少，荣禄与补偿便有多少。

他们为此感谢国家，而国家，何尝不感谢他们。

丰源新村

丰源社区是1995年省人民政府设立的东源县新丰江水库"两缺"移民外迁安置点之一，位于东埔街道办事处高塘村，西邻源西街道办事处的白岭头村，由东源县锡场镇管辖。为解决移民的生产生活用地，由东源县锡场镇政府出资，以公司加农户的形式征用了高塘村集体土地27.82万平方米，规划每户住房占地面积63平方米，人均住房面积12平方米以上，安置新丰江库内锡场镇10个村"两缺"移民483户2350人。该村于1998年初动工兴建，1999年1月竣工并入住。1999年经批准由村改制为居委会管理模式。2001年市政府决定将丰源居委会由东源县锡场镇政府移交给源城区东埔街道办事处管理。2008年，丰源新村成为广东省第二批农村经济型热水器示范村，家家户户已安装太阳能热水器。

目前，社区党支部有党员98人，社区"两委"干部9名，常住居民2080户12 000多人，建有一所九年制义务教育学校，学生人数达1400名，设立幼儿园2所，有学前儿童700多名。兴建有社区综合服务大楼，建筑面积1800平方米，配套有党员群众服务中心、群众事务党员代办站、党员志愿者服务站、党代表工作站、文化活动室、党员电教室、卫生计生服务室、老年人活动室、图书室、警务室、舞蹈室、健身房、社会保障工作站等。同时，社区建有占地面积4000平方米的文体广场，完善了篮球场、羽毛球场、乒乓球场、健步小道、露天舞台及化妆室等文体设施，完全过上了城市居民的生活。

在谈到1958年移民时，77岁的黄锦云回忆说：

我原是南湖龙溪村人，移民那年我刚满18岁，是移民的主力军。我最早是被生产队派到博罗县响水公社去建移民房的，房屋建好一半后，河源县从惠阳地区划给韶关地区管辖。为抢劳动力，韶关地区通知我们停建，决定把我们高级社1000多人安置到韶关乳源五指山国营林场去工作。因此，我又与社里

丰源社区综合楼（谢晴朗　拍摄）

500名青壮劳力首批来到离五指山林场不远的大桥公社石角塘村，居住在当地的废旧老屋、祠堂、灰寮里，人多住不下，就搭了20多间草棚，这就是我们的临时居住地。

"天有不测风云，人有旦夕祸福"。1959年7月1日，这是我们永远也不会忘记的日子，也是当时我们最痛的日子。那天，天气晴好，场里派了放映队来放电影，以示对我们这批移民表示慰问。到了深夜，一场大火瞬息间把我们的20多间草棚烧为灰烬。一对年轻的夫妻带着一个3岁的小孩来不及逃生，一家（妻子身怀六甲）4人就这样葬身火海。

火灾事件发生后，场里怕我们的家属不肯移来，就瞒着我们派员到村里把我们的家属接到南水电站住下才通知我们与家人团聚。

一个月后，场里为我们搭建好临时家属宿舍，我们才正式进入林场工作。当时的工资分为四个等级：29元、33元、37元，有技术的41元。我们在林场领到第一个月的工资后，大家十分高

丰源学校（谢晴朗　拍摄）

兴，纷纷把酒言欢，庆幸我们跳出了农门成为工人阶级，庆幸我们死里逃生。这在当时来说，我们是属于吃国家粮的工作人员，回到老家十分受人尊重。

然而，好景不长，苦难再次降临到我们头上。1963年，国家贯彻落实"调整、巩固、充实、提高"的"八字方针"，我们村半数以上的人被"调整"职业，那时叫"下放"。我们家也被划为下放对象，就这样我随村里被下放的人员回到了南湖老家——龙溪，在水库水位线以上的山坑里搭棚居住。因为我们不是个人倒流行为，而是被迫"下放"，原来的南湖公社没有了，就将我们划入锡场公社管理。1966年，政府出瓦钱和建房的工钱，我们自己动手建起了房子，这才算稳定下来。除了耕种山坑田外，我们也参加了轰轰烈烈的以赈代补的造林运动，靠打鱼、砍柴卖木为生，成了缺乏生产和生活条件的"两缺"移民，直到农历1998年12月，在政府的亲切关怀下，我们才搬迁进丰源新村，过上了城市居民的好生活。

丰源社区的党支部书记黄飘介绍说：

目前，我们村的村民多数都靠打工和开门店维持生活，人均年收入才13 000元左右，跟当地人相差甚远。为了村民能过上更好的生活，也为了社区有可持续性发展，我们将加大引资力度，待第一期建筑面积8000平方米的水产市场完善后，再实施第二期市场拓展计划，用集体的2700平方米土地，建成集门店、商贸、住宿为一体的商业综合楼，门店以廉租的方式分配给移民户经营。规划完善后，村集体收入可达300万元以上，村集体留用20%的资金，用于治安、卫生等公共事业，80%的资金用于群众分红，这样村民就有了较稳定的收入，争取与当地人缩小差距，让移民群众真正过上小康生活。

江源新村

江源新村隶属河源市源城区源西街道办事处，于1997年初在源西办事处庄田村征地安置新丰江库内的半江、新回龙、双江、新港镇"两缺"移民336户1496人。规划面积16.2万平方米，按每户住房占地面积为63平方米，人均住房面积12平方米兴建。辖区面积达23.99万平方米，其中住宅建设3.2万平方米，建校用地1.67万平方米。共建成二层楼房336栋，该村1998年初动工兴建，1999年1月全面竣工，1496名"两缺"移民全部搬入政府给予安置的新家园——江源新村。在搬入新家园的那一刻，广大移民笑逐颜开，燃放鞭炮，以示庆贺。

江源移民安置区靠近河源市区，随着河源市区的扩展，江源新村已经完全融入市区，入住的水库移民过上城市居民生活。

在回忆移民生活时，67岁的李新凯说：

我原是回龙立溪乡移到象头村的后靠移民。移民那年，我的父亲47岁，因命里缺木，祖父就给他取名为木林。他眷恋故土，不肯迁移。我清楚地记得，村乡干部多次动员搬迁，我们全家都走了，他就是不走，直到一天晚上，库水淹进了大门把他的木屐浮起来后才恋恋不舍地离开家园，一个人来到象头村。之后，又移到邻村的径尾村居住了一年。随着径尾移民的倒流，我们又被迫倒流回象头村。所谓村，只有我们4户30多人居住，我们在水边建房，除抢种少许的水淹田外，多数靠打鱼摸虾过日子。我们读书、购物都是靠自己扎的木排到大队去，风浪来了淹死人的事件时有发生，因病来不及救治的事也发生过，我的侄子就因肚子痛没船到城里治而死亡的。想起这些往事，就有点心寒。直到1999年我们才以"两缺"移民的身份来到这里——江源新村。

村干部严德钦介绍说：

江源新村是安置双江、半江、回龙三镇43个村的"两缺"移民村，每镇安排

江源社区办公楼（谢晴朗 拍摄）

500人，共1500人，其中有一户4人，因主人的工作关系就割入东源安置，这里实到人数是1496人。

自从1999年1月搬到这里，至2001年9月，近3年的时间，我们村可算得上是自治村，是一个"三不管"的移民村。所谓三不管，就是市里不管、东源不管、源城不管。同时，还是一个"三无村"——村里无学校、村中无医生、干部无待遇。由于没人管，我们也不知道向谁诉求，只知道有一个新丰江库区移民工作局在与我们做日常沟通工作，行政上不隶属他们管辖。为了今后

的发展，我们就以原三镇为单位，每镇推荐2人，自主成立了由6人组成的村民委员会来主持村中的日常事务工作。

初来时，在无待遇的干部带领下，村民安排在村里兴办的牙签半成品厂和粗糙的纸袋厂工作，靠每人每天4~10元不等的收入来维持生活；有的靠摩托搭客、做小工、做小生意生活。这样的生活比以前好多了，虽也不愁吃不愁穿了，但与当地人比起来更困苦，移民上访事件时有发生。经过多次沟通和协商，2001年才正式确定我们村由源城区源西街道办管理，并于当年9月1日挂牌成立源西街道办江源社区，结束了"三不管"的局面以及"三无村"的现状。之后，政府按人均200平方米水田、133.34平方米旱地的标准划给我们社区，我们采用集体管理，统一规划，统筹配置的方式，办起了学校，配置了教学楼和民校共享的文化广场；办起了社区公共卫生站；建起了5层的村委大楼，内设图书阅览室、书画室、娱乐健身室、党员活动室、会议室等，3楼以上出租给企业办公；建有厂房5栋，合计8500平方米，门店1100多平方米，并引进8家小工厂进入社区，解决就业500多人，此外，社区门店、治安、环卫等安排就业450人，每户均有人在家门口就业，居民的人均收入及人均集体分红收入显著提高，基本实现了零上访的目标。

江源村图书阅览室（谢晴朗 拍摄）

　　2016年8月，我们这个小区，除了2003年高速公路拆迁了114户到新丰路尾富源小区安置外，386户全部纳入源城区棚户区改造项目，项目一、二层按1∶1.2、三层以上按1∶1.5补偿的标准返还给移民户，拆迁过渡费从拆迁之日起到2018年，按每人每月200元、2019年后按300元的标准发放，直到搬入新社区为止。到时我们将建高楼节约的土地，兴建商业街，解决移民生活出路问题。

　　由此可见，社区干部能想移民之所想，做移民之所做。的确，在江源社区的荣誉栏中，我们看到了——江源社区党支部曾先后四次被源城区评为先进党支部、先进基层党组织；江源社区曾先后六次被源城区评为文明社区、先进单位、先进村（居）委会、五星平安社区。

　　社区干部表示，今后，我们将继续发挥党员的先锋模范作用，积极开展"不忘初心，牢记使命"的主题教育活动，努力带领移民奔向幸福的明天。

安源新村

　　安源新村隶属东源县新港镇，是根据1995年4月上旬朱森林省长到河源现场办公的会议精神以及市、县解决新丰江库区"两缺"移民群众"两缺"工作领导小组的工作部署所设立的东源县新丰江水库"两缺"移民群众安置点。本安置点于1996年10月动工兴建，1999年12月竣工，并于年前搬迁入伙。总投入1497.7万元，人均1.4977万元，建有房屋201栋，建筑面积11920平方米，人均住房面积达到11.92平方米，共安排新丰江库内"两缺"移民201户995人。

80岁的张亚船在回忆移民往事时声音有点哽咽了，他说：

我原是南湖乡杨梅村人，移民那年我刚满20周岁。移民干部到村里宣传说："你们杨梅村将要迁移到韶关乳源天井山国营林场去，在那里你们就是吃国家粮领国家工资的林场职工，老人孩子都是国家包养的职工家属，你们的生活是旱涝保收的，年轻人，可要好好珍惜这份来之不易的工作，到时手表一带，皮鞋一穿，回到河源来可别不认人哟。"大家都被他说得哈哈大笑起来。

在他们的宣传下，我心动了，就想着能早点移到天井山林场去工作。1959年3月，我与村里100多名青壮年成为第一批到达天井山林场的移民。到了林场我们才知道宣传与现实的反差是如此之大。天井山是南岭支脉的五岭山麓，山高林密，峰峦叠嶂，一块掌心大的谷地犹如锅底，就是上千伐木工人的栖息地，没有城镇，没有楼房。放眼望去，星星点点的工棚就是人们最好的窝居。当时我的心就凉了半截，但仍有一半还寄寓于领工资的热情。大概半年后，我们村331户1332人全部到达天井山林场，其中也包括少量的双江移民。整个工区分为砍伐队、营林队、青菜组、苗圃组，我被分配到砍伐队，每月能领到34元工资就是我

安源社区综合办公楼（谢晴朗　拍摄）

的最大的宽慰，别无他求。

那是一个这样的地方，巨大的原始森林，野猴、水鹿、山猪、黄猄在丛林中穿行，会飞的山蚂蟥，令人毛骨悚然。常常砍倒一棵大树，就会招致黄蜂的围追堵截，蜇得你生痛，有的人甚至被毒蜂蜇死。每每在这个时候，我就会想起家乡杨梅村平坦开阔的田野和小江水的自由流荡。每想一次，思乡之情就浓烈一分。

1962年初，有的人便开始偷偷溜回故乡。他们回来报告说，我们村的山猪窝还没淹，就是山猪窝也比这里好呀。于是，人们开始倒流回库区，从秘密到半公开，到年底1000名杨梅村人倒流回库区，安扎在山猪窝里重建家园，原来的杨梅村已沉水底，山猪窝便成了今天的杨梅村。

1995年落实移民政策，省、市、县都很关心移民的生活，对新丰江水库缺乏生产条件和生活条件的移民再次给予安置，我们村多数人家就于1999年冬来到了安源新村，住上了楼房，过上了好生活。

现在安源新村有移民人口237户1251人，建有一所义务教育学校安源小学，学生100多名。设有社区综合办公大楼，建筑面积300多平方米，配套有党员群众服务

安源村新貌（谢晴朗　拍摄）

中心、农家书屋、服务大厅、两委会议室、卫生计生服务室、社会保障工作站等，经济产业有大盘菜餐饮，收入全部分配给村民，村集体经济薄弱，居民收入方式大多数为外出务工，移民人均收入约11 400元。

乐源新村

乐源新村总面积17.5平方千米，坐落在东源县涧头镇三条岗上，是1995年4月河源市设立的新丰江水库"两缺"移民安置点。该安置点控制面积0.33平方千米，于1995年10月按占地面积每套45、54、64平方米3种规格兴建移民房，共建住房386套，配套建设了用电设施、供水设施、村委会办公室、电视接收系统、排水排污系统等。新村于1996年6月28日建成竣工，共安排涧头水库移民365户2000人，人均耕地面积280平方米，下辖4个村民小组，分别是东岗、中岗、西岗、岩角。新村总投入经费2790.7万元，人均1.395万元。在乐源新村建设期间，省委常委、副省长欧广源曾多次前来视察小区建设情况。1996年6月28日，新村举行竣工庆典，省人大副主任张汉青、省电力工业局局长王野平、省直有关单位负责人，市、县、区5套班子主要领导参加了竣工典礼。

今年86岁的乐源新村党支部原书记赖荣禄回忆说：

1958年，我刚好26岁，我亲历了整村迁至本县仙塘公社泥坑村（即今东埔街道的泥坑村）的全过程。那天早饭后，全村248户1001名村民担的担、扛的扛、牵的牵，纷纷走出村子。人走屋空，我们的祠堂孤零零地耸立在江水岸边，它不知道今天发生了什么事情，也不知道在它巨大的躯壳里会发生怎样的巨大变化，尔后，上涨的江水就慢慢地把它淹没在碧绿的湖水中。随同赖氏祠堂一同消失的还有村子的高台华屋，那些来不及取下来的堂号，在我们跟

洞头镇乐源新村一角（谢晴朗　拍摄）

跄的脚步声中，成为我们与故乡的永远绝唱。

那时，我们属县内近距离搬迁的范围，我们全是用脚步丈量完45千米的里程。到了安置区后，我们住进了当地群众围屋内的厅堂、草寮、灰棚。之后，在规划地内接建"卫星房"。因耕地少，山林土地少，1960年，村集体决定派出年轻力壮的劳力回洋潭老家抢耕水尾田和退水田，以弥补村民"无米之炊"。

我就是第一批派遣回乡的领头人。经过几年的试种，部分的田地还能耕种，为解决安置区内土地严重不足之难题。1964年，村集体决定以抓阄的方式分一半的人口返回洋潭村安居立命。这一次，我又成为这一半倒流移民的领路人。可以说，我的村干部履历就是从移民倒流史中开始书写的，直到我75岁那年干不动了才辞掉村干部这个艰辛而不"讨好"的工作，过上了"闲云野鹤"的生活。也可以说，在整个甲子的移民工作和移民生涯中，我的标签是——在艰难困苦中求生，在努力拼搏中求存。

为了我们这500名倒流移民的生存，我整整奔走了2年时间，直到1966年，洞头公社才重新接纳了我们这批倒流移民，有了粮

食户口的返销粮，我的内心才稍许宽慰些。在穷困的生活中不至于饿死人，这就是当时我做干部的标准。确保了这条最低的生活底线后，我们村才着手解决移民的住房问题，直到1971年最后一批住茅房和老屋的人迁入新居才告一段落。

村干部赖舫贤回忆说：

我是"移一代"中最小的移民。1964年，我还在母亲的襁褓中，倒流回故乡时，我是由母亲用箩筐从泥坑村挑回洋潭村的。从我记事时始，就知道一部分人住茅草房，一部分人住水边没淹的老屋，我们的学校就是在废旧的老屋厅堂里，老师是我的堂叔，他是集体记工分参与年终分配的老师。首批在这里上学的人，现在大多都安身于河源商界，成为今天洋潭乐源新村建设的无私奉献者。我虽在移民倒流时期出生，但也经历了颠沛流离之苦，完全算得上是"移一代"，我虽是在父辈的流离风尘中长大，却又有幸参与和见证了家园的华丽转身。我们现在的村庄是1995年市政府解决"两缺"移民的生产生活出路问题在这里建立的移民安置点，取名为乐源新村。

自从搬进乐源新村后，在村两委的带领下，村民全心全意求发展，在荒山上造林种果，改善生态环境，创建文明村。2008年，我们村被授予"东源县文明村"称号；同年又获"东源县镇村建设'三四五'工程竞赛活动奖"。2008年起，村两委开始关注村庄的环境卫生问题，在每户门前配备垃圾桶，指定2人每天一次上门收垃圾，工人每月工资3300元由镇村两级分担，并成为"城乡清洁工程示范点"。2012年被广东省爱国卫生运动委员会授予"广东省卫生村"。

2011年，在当地政府有关部门的大力支持下，我们村着手社

乐源新村文化广场（谢晴朗　拍摄）

会主义新农村建设。在此之前，我们村就已完成了土地集约利用的第一步，将全村的土地划分为工业、农业和生产生活用地，以入股的方式获取相关利益。在农房改造的同时还建设村文化广场、休闲公园、农贸市场、道路绿化等配套设施。这一次的大手笔之作，完全区别于普通乡村的修修补补。将人文景观与大自然完美结合，将统一规划建设的村庄与村前的碧绿的湖水融为一体，突显旅游农家乐的功能，目前全村已兴办有8家农家乐。

在移民政策的扶持下，村貌发生了巨大的变化，人口从倒流时的500人到今天已超过3000人，人口多了，就要特别注重思想政治教育，才能使社会有序发展。因此，多年来，村两委特别重视党建工作，发展壮大党组织的先锋模范作用，全村现有党员69人，建立了党总支部，下设2个党支部。党总支每周开一次学习会，支部每月开一次学习会，全体党员做到一季一会。外出的党员12人，他们自觉约定一季返乡一次，参加全体党员学习会。在东莞办企业的赖泽强和在河源办企业的赖贵先，他们一月一次的主题学习会都会赶回来参加。村两委组织党员干部帮扶贫困家庭和复员退伍军人，根据帮扶家庭的实际情况给予每户或每人1000~5000元的经济扶助，使之摆脱贫困。现全村人均年收入已突破了13 000元。

　　2008年、2009年该村党支部被东源县委评为"五个好"村党支部；2011年，该村被河源市委市政府评为"文明生态示范村"。

金史村的过去与现在

金史村最古的地名叫横溪村，取村前忠信溪水横过之意。这里土地贫瘠，耕种艰难，人们过着衣不遮体，食不果腹的生活。

顺天镇金史村新貌（谢晴朗　拍摄）

金史村有一个美丽的传说：盛夏的一天，村民阿金因家里的水牛被洪水冲走了，无牛耕地，就带着水和中午饭到村外去锄刚收割过的稻田，以备秋季再种。那天，烈日当空，骄阳似火。正午时分，阿金坐在路边的树荫下正准备吃饭。一位白发且还有点驼背的老婆婆牵着一条瘦牛向他走来。阿金见老婆婆一脸的倦容，就主动打招呼说"阿婆，热头耿辣，吾好走耿急，食口水，铺下凉再走"（客家话）。说完就恭恭敬敬地把竹筒水递给老人家，请她喝水（竹筒是当时最好的盛水工具，凡农家人都有此物）。老人接过阿金的水，一口气把阿金喝剩下的半筒水全都喝光，眼睛还盯着他身旁的午餐。阿金知道她饿了，又把他带来当午餐的粥递给她并说"阿婆，厓屋咔的田好瘦，做死都冇食，做昼都食粥，你吾嫌，食得落就把你食，厓归屋咔食（客家话）"。说完，他就回家去了。

老婆婆二话没说，待阿金走后，就把粥泼在牛身上，顷刻间，小河两边刚收割过的稻田里全是又肥又壮的牛。牛在田里摸爬滚打，把全村上百亩的田地滚得像用牛耙过一样平整，在平整的田面上，一坨坨牛粪撒落在田间。

当阿新吃完午饭返回来劳作时，被眼前的景象惊呆了。在他收饭盆时，又惊喜地发现两颗金灿灿的金子放在饭盆里。阿金马上返回村里，告诉了他们眼前的情景，全村人迅速赶到小河边，看到上百亩稻田都跟耙过一样，水平面上，一坨坨冒头的牛屎，星星点点，在烈日的照射下发出闪闪的光芒。村民被眼前的景象惊呆了，纷纷跪下，叩谢苍天。瘦田变肥田，当年村民获得大丰收，过上丰衣足食的生活。为感谢上苍的眷顾，村民就将"横溪村"更改为"金屎村"。进入文明时代，"金屎村"的后人觉得村名字面不雅，就用同音字"史"来代替，从此，"金屎村"就变成了"金史村"。

金史村原是顺天一带较早有人群聚居的村庄之一，村庄周边均属丘陵地带。因是朱姓人口居多，因此，其建筑的主构件多由明朝赤色砖石构成，可见，该村落最迟也是明朝初期起建。

据村中82岁的朱汉贤说，他们的祖先是宋元之战时从江西南迁至此开基立业的，距今约有700多年历史。

　　新丰江建库前，金史村人口有1300多人。按118米高程的水位线，1958年12月金史村有52户214人安置到骆湖棋岭下，有155户739人安置到灯塔二龙江，其余为后靠移民。后来，水位线下降2米，很多田地没有被淹。安置到骆湖的移民，因田地少，生活困难，1961年冬，集体倒流"回府"，与后靠村民一起建房。

　　因为是后靠移民，只是从低处往高处搬迁，这算是移民中的幸运之星。因此，他们的移民房按客家方围结构建筑移民房，正屋是按中大门两小门取正向方位，后面按中轴线，每隔三四米为一长栋，共有九栋正屋，正屋的左右两边为横屋，在左右两边的适当位置(约中间处)设一道进出侧门，横屋与正屋的间

顺天镇金史村倒流移民安置房（谢晴朗　拍摄）

距约为6米，整座房屋采光通风条件良好，前三门侧二门一关，谁也别想进来。门口设一大禾坪，白天用来晒东西，晚上是村民乘凉休闲和节时开展活动的地方。整座建筑从外表看，就是十足的上九下九客家方围式结构，从内部看，又是按移民甲乙丙房的模式要求构建。该屋的80%保存还算完好，中共顺天公社委员会1965年的5年规划还被金史人撰写在正房的右侧墙壁上。内容抄录如下：

　　顺天公社五年规划：

每人纯分百三元，总收二百二十万。
十分三鸟万头猪，公私并举各一半。
四千盒蚕十万鱼，二千群蜂飞满山。
三百草菇千亩烟，千亩甘蔗种山间。
羌茨果蔗搞间种，产量收入翻一番。

运输车子化，队队实现胶轮车。
电灯照明化，户户点灯安喇叭。
住宅全美化，家家新屋白牙牙。
加工机电化，切茨碾米用电拉。
工农知识化，男女老少学文化。

此外，"文化大革命"期间的对联和标语口号随处可见。"跟着党走，一心为人民，彻底干革命""一心向党，读毛主席的书，听毛主席的话""紧跟毛泽东，世界一片红""工业学大庆，农业学大寨"。

这一切，无不打上那个时代的烙印，也无不反映出村民那种纯朴善良的品格和拥护毛主席、拥护共产党、拥护社会主义的高尚情怀。

移民村落建设在当时的背景下，堪称完美，移民还算满意。可就是出行十分艰难。村民要往顺天街道或要南行，首先要逾越的就是村前的那条横溪水。新丰江水库未建前，横溪水少，跨度小，村民用木桥就能与外界沟通。建库后，横溪水变成了横溪河，河面宽百米，这样村民出行就艰难了。为了解决移民出行的问题，政府给村民配了一艘小过渡船，供出行用。

据时任河源县工交办副主任张明东回忆：

1973年，金史村发生了一起因渡船超载一次淹死20多人的特大交通事故。接报后，我火速赶到现场，指挥抢救工作，终因条件有限，打捞上来的20多人成了20多具尸体，整齐排列在河滩上，那惨状我无法形容，更无话说，只能默默地陪伴着乡亲们，这一事件成为金史村人永远的痛。回县城后，每每想起这一幕，我就十分揪心，总想着为他们做点什么，起伏的心潮才能平静下来。

机会终于来了，1975年河源县委派我担任顺天公社第四批路线教育工作队队长，共有80名工作队员。总部就设在金史大队，金史村工作组有16人，吃住在贫农家里。进村后，我的工作重点就放在为金史村造一座能通汽车的石拱桥上。横亘在村前的忠信河是新丰江流域的第四大支流。如今，新丰江水库在116米的高程下，这条河就变成了一条大河，河面宽度常常在80~100米之间，在当时的条件下，要造这么一座桥确实不易，有朋友跟我说这只能是做做梦。我就是不信邪，先跑公路局，请工程师免费为我们设计，工程师答应了，并答应在关键时刻到现场指导，公路局的领导同意资助2万元，并介绍建桥工程队；再跑交通局，在软磨硬泡下，交通局为我们拨款13万元。有15万元垫底我们就发动全大队的民众自力更生采集石料，工作组的16人带头下水清基，经过一年多的艰苦奋斗，一座桥面宽9米、长110米的大桥横跨在忠信河上空，构出了金史村一幅壮丽的风景。因缺乏资金，桥栏杆直到1981年我恢复副县长职务后才拨款建设完成。

金史村人就是运气好，遇到的工作队长张明东是对移民充满情感的人，20世纪60年代初，张明东就曾为从韶关倒流回甘背塘的移民深夜跑10多千米到粮站去借粮，让移民渡过难关。

俗话说，路通财通。自从有了这座大桥以后，金史村人有了希望，他们勤恳躬耕，力拔穷根。在中央后扶资金的扶持下，金史村人过上了好日子，家家户户都住上了小洋楼，用上自来水，年轻人多数外出经商或打工。李锦辉还在村里成立了锦辉安农业发展有限公司，开设榨糖厂，实行公司加农户的方式，在上百亩集约的旱地上种上甘蔗，移民家家户户种甘蔗，近千亩的甘蔗林在金史的大地上迎风飘香，金史村人走向了致富路。

现在村里建起了600平方米的办公大楼，一所近3000平方米的小学。一个完全富有现代色彩的上万平方米的文化广场傲立村前、篮球场、羽毛球场、健步小道、表演舞台等设施一应俱全，还进行了美化、绿化和亮化，让金史村变得更亮丽。金史村人重视教育，村委会对本村学子考上大专的奖励500元，考上

顺天镇金史村文化广场（谢晴朗　拍摄）

本科的村集体奖励5000元，凡考上大专以上的，农业公司都给予奖励500元。

77岁的朱和针对82岁的朱汉贤说："我们今后的日子更有奔头了，老哥，我们要好好地生活。"金史村人苦尽甘来，未来生活就像他们种植的甘蔗节节高长，甜蜜滋润。

广东名村结游草

结游草村古属桔头草村，属永顺都蔡庄约。今属东源县灯塔镇。该村地处一个四面环山

灯塔镇结游草新村一角（谢晴朗　拍摄）

的小盆地里。这里层峦叠嶂，土肥水美，气候宜人。全村常住人口2800人，全部姓游。下辖4个自然村，辖地面积约8平方千米。2015年，结游草村被认定为第二批广东省名镇名村。

结游草村最特别的不仅仅是这个村庄的名字，还有一个世代延续的最独特的最盛大的传统节日——"十月初三"。每当这一天来临时，从村里走出去的游姓后裔，不论再远也会像候鸟般准

时飞回到自己的栖息地去祭拜先祖。

这一天，结游草村游姓后裔敲锣打鼓，鞭炮连天，在拜祭完祖宗后，各家都会准备一桌丰盛的客家美食，甚至干起了"拉客"的活儿来。无论是谁，只要你路过其家门口，认识或不认识的，他们都会热情地将你邀进屋内，与其家人一同用餐，非常好客。

据说这个节日的来由与一个小孩有关。

相传，300多年前，游姓的一位男丁娶了两个老婆，一个是大老婆，一个是小妾。小妾生了个儿子，本应是家族的一大喜事，不料却遭来大老婆的妒忌，大老婆趁人不备之时，在小孩儿的脑袋上扎了六枚绣花针，小孩儿终日哭闹不停，却无人知晓其中缘由。在小孩儿满周岁之日，来了很多客人庆贺，不知是谁，无意识地抚摸了一下小孩儿的脑袋，发现了小孩儿头上有六枚绣花针，也不知是谁将这一消息告知小孩儿的家人，才避免了惨剧的发生。尔后，狠毒的大老婆被驱逐出村落，而那位幸运的小孩儿接过了繁衍游姓的责任，成为让家族兴旺的灵魂人物，后人便将其视为拜祭的祖宗，是为六世祖游玉宇公。热情好客的游姓人从此便将这一天奉为纪念日，认为家里来了客人，是一个好意头，是幸运的开始。那一天，正是农历十月初三，同时也为了纪念先祖，便将农历十月初三这一天视为村里的盛大节日。

结游草村坐落在灯塔镇的西侧，新丰江一大支流灯塔河畔的下游。新丰江建水库后，淹没该村土地1.07平方千米，全村2/3的移民大部分后靠到榜江坪塘安置点，合415户1772人。该村移民是新丰江移民最安稳的一个移民村落，他们在当地政府和移民部门的帮助下，自力更生，艰苦奋斗，用勤劳的双手建设新家园。

这里是灯塔盘地的核心地段。移民后靠前，这里是渺无人烟，房无一间，地无一垄的丘陵山地。1000多名移民选择了白连塘为自己的安家立命之所，他们也与其他地方的移民一样建起了"卫星房"，用锄头拓出了自己的生存之地。

结游草人自古就有热情好客、团结奋进的光荣传统，在村两委的带领下，结游草人两个文明一起抓，不光要吃得好，还要住得好、穿得好，不但能劳动还得会生活；不仅要美化心灵还要美化家园，他们提出了改变村庄面貌的设想，重新规划村庄的建设蓝图，经过几年的努力，他们搬出了低矮狭小的"卫星房"，住进了宽敞明亮的洋楼房。孩子们摸摸明亮的玻璃窗，看看窗外的绿色世界，乐得又蹦又跳；老人们用衣襟抹着眼睛："真跟做梦似的，没曾想这辈子还真住上这有楼上楼下、有电灯电话的房子，死也知足了。"

在村民和移民的共同努力下，结游草村于2004年、2008年、2010年、2012年被评为东源县文明村；2011年被河源市政府评为河源市宜居村庄；2013度获城乡清洁工程一等奖；2015年被广东省政府授予广东名村。

如今，该村建有蔬菜基地20万平方米；建起209千瓦光伏发电站；还与三友集团、农牧集团达成了合作创建乡村旅游与环保生态园的意向。村集体年收入12万元，移民人均年收入在12 000~15 000元间。村里还建起了630平方米的村委大楼，即党群服务中心和公共服务站，还建有村级文化广场和老人活动中心。结游草人过上了幸福美满的生活。

"红色村落"的三大产业

连平县忠信镇柘陂村是一个"红色村落"。全村总面积12.2平方千米，耕地面积3平方千米。因新丰江水库有4个农业社要后靠安置

忠信镇柘陂村村委会综合大楼（谢晴朗　拍摄）

移民242户1194人，其中柘陂农业社的上新和下新自然村就有64户334人。今柘陂村全村有802户4032人，移民人口766人。

柘陂之"红"起于1930年吴氏阳念祖祠捐献给中国共产党为党组织地下活动场所，这一"红色"版块便逐渐扩大。为瞒过国民党反动派的耳目，党组织决定将吴氏阳念祖祠改为华南小学，

进步人士以教书为名，在此地开展革命工作，宣传革命思想，吸收进步青年加入党组织，先后建立起党小组和党支部。后东特委先后派出钟明、邓基、张增珠等10余位同志到这里工作，争取到小学校长吴秀春、伪保长吴秀资、乡绅吴天章等为党工作，使之成为"白皮红心"的地下工作者。在柘陂曾办起卷烟店，掩护被国民党通缉的外地地下党员；在抗日救亡年间，华南小学师生以醒狮之名到街道村庄开展宣传活动，唤醒民众投入抗日救国行列；党组织还动员华南小学教师到村寨办起了四间新型的农民夜校，入校农民300多人；成立"青年救亡读书会"，会员发展到20余人，这些人成为党组织动员群众投入抗日救亡运动的骨干力量。这些举措扎实了柘陂红色的基础，先后有10位优秀教师输送到东江纵队去工作，成为这支部队的骨干；在解放战争中，华南小学连续两届毕业生的百人中，有90%的人参加了九连游击队，为解放战争作出了应有的贡献。

64岁的移民吴国信说：

感谢政府为我们移民着想。2005年6月20日的洪灾，上、下新村的移民房因建筑质量差几乎全被洪水冲毁。移民部门按当时的移民人口每人拨款1800元、市县政府每户拨款8000元，重建移民新村。当年，按规划与我们相邻的大塘村也是跟我们一起的后靠移民，房屋已经打好砖了，但老人不肯搬，后改为116米的水位线，他们村就没有搬迁。如今，他们都很后悔，很羡慕我们的生活。

在新一轮的扶贫和新农村的建设中，上新屋移民村的道路和巷道全部由政府出资硬底化，安装了路灯，家家户户都安装了太阳能热水器，完善了水利和排污设施，村中还建有小广场和文化活动室。

为追求农村的持续性发展，柘陂村委决定在种植传统产业6.67万平方米大蒜和20万平方米花生外，大力发展黑蒜深加工，红玫瑰、紫珠（药材）种植，他们简称"红黑紫"三大产业。

柘陂村干部介绍说：

2016年，我们村共投入扶贫资金263万元，用于入股农信社、花生种植、家鸡和耕牛养殖、购买农机等，增强"造血"功能，带领移民和贫困户脱贫。

2017年，重点发展两个产业扶贫项目，一是入股位于柘陂村的广东丰华生态源公司。目前丰华生态源汽车越野及房车露营基地、生态婚庆花海区（种植红玫瑰）建设已初具规模，总占地面积约33.34万平方米。建成后将拥有120栋木屋及80个房车营位，是一个集旅游观光、玫瑰花海、房车露营、户外拓展及休闲度假等为一体的房车露营基地，将成为广东省"文化·体育·旅游"的五星营地。红玫瑰基地已有28户农户参与种植，目前已种下26.67万平方米，开发的产品有玫瑰花茶、玫瑰露等；二是引导移民和贫困户大力发展具有地方传统优势的大蒜种植，使之成为规模化、标准化的示范基地。成立专业种植合作社，并与

忠信镇柘陂新村经过修缮的移民房（谢晴朗 拍摄）

广州仲恺农业工程学院签订了大蒜种植、产品深加工研发技术帮扶协议，统筹村里5.33万平方米土地用作忠信大蒜种植示范基地，这一项目，我村有32户112名贫困人口参与。同时引进河源忠仁生物科技有限公司与村企共同合作筹建黑蒜深加工园区。目前该工厂已落户连平县生态工业园，按照食品生产企业的标准动工兴建冷库，生产设备已安装完毕，已具备生产能力。2018年帮扶单位追加投资73万元，用于购置黑蒜生产设备和蒜种，把忠信黑蒜品牌做大做强。产业园还将大力研发大蒜精油、蒜油软胶囊、大蒜调味料等市场效益显著的产品，提高大蒜精深加工的附加值，重振忠信火蒜之雄风，以产业带动全村的经济发展。2018年，重点发展药材紫珠的种植产业，该项目已与广东佳泰药业公司签订合作协议，先期发展4万平方米作为紫珠的示范种植基地，在全村推广利用旱地和荒弃的斜坡地种植广东紫珠。从目前运作情况来看，这三大项目的种植规模逐渐扩大，深加工产品市场前景良好，其中玫瑰花茶、黑蒜产品供不应求，有效地推动了柘陂扶贫产业的发展，带动了移民户和贫困户增收。

根据柘陂村2018年《关于乡村振兴工作的情况汇报》，他们确立了"传承红色基因、抓党建、强治理、聚全力、建新村、展新貌"的工作思路。我们坚信，只要他们按这一思路努力工作，柘陂的明天一定会更好！

隆街沐河村的扶贫之路

沐河村位于连平县隆街镇之南端，是一个传说中乾隆皇帝南巡到过的地方。这里四面环山，中心是一个方圆几十千米的大盘地，连平河穿境而过，汇入新丰江。

连平隆街沐河新村一角（谢晴朗 拍摄）

这里距镇中心4千米，距连平县城30千米，交通便利，民风淳朴，林木水等自然资源丰富，土地肥沃，一马平川。沐河村下辖22个经济合作社，耕地面积1.46平方千米，水田面积0.83平方千米，山林面积7.17平方千米。村民有780户3120人，中共党员80人，村委委员4人，支委5人。大小鸭和田螺坝自然村原有后靠移民65户

302人。分别居住在大小鸭、中心、上坝、下坝4个地方，今有移民人口138户730人。2016年，村民人均可支配收入5872元，是一个尚未脱贫的贫困村。

沐河村现有建档立卡贫困户70户184人；一般贫困户32户110人；低保贫困户19户55人；五保贫困户19户19人；其中移民贫困户占1/3。为了使贫困户早日跟上时代发展的步伐，早日摆脱贫困，走向共同富裕的新生活，沐河村两委和扶贫工作队决定从四个方面进行扶贫。

一是因地制宜，推行一村一品项目。发动有劳动力的贫困户28户104人使用省扶贫开发资金793 900元入股成立沐河村富盛种养专业合作社，租用2.67万平方米村民土地发展百香果种植，在果园内附加的鸡、鸭、鹅、鱼等养殖收益全力帮助合作社丰产丰收。为增加沐河村贫困户收入，合作社专门聘请贫困户劳动力开展生产活动，使之在生产活动中得到收益，摆脱贫困。为引导合作社的健康发展，提高生产管理水平，帮扶单位和驻村工作队协助合作社完善内部机制，创建电商平台拓展销售渠道。2018年已为贫困户分红63 512元。

二是因户施策，鼓励有条件的贫困户自主创业。通过入户家访及集中培训等多种形式，了解贫困户的技能专长和发展生产的意愿，扶持10多户贫困户发展运输经营、电器维修、农产品加工及小餐饮等自主创业脱贫，为此共投入扶贫发展资金51.61万元。目前，这项扶贫发展资金使用率达到90%以上，且有了一定的经济效益。

三是实施危房改造项目，使贫困户安居乐业。对具备危房改造条件的29户贫困户，发放专项资金帮助其改善居住环境，除落实上级危房改造补助外，帮扶单位另行补助每户5000元。

四是帮扶单位落实的其他帮扶项目。给贫困户发放生产资料，提高其种植养殖积极性，增加贫困户的收入；实施村民农技、非农技技术培训，提高贫困人口生产技术水平，使之增产增收；开展教育扶贫，进行助学补贴；开展大病救助，对因大病造成的农户进行救助慰问，减少因病返贫现象的发生。

此外，扶贫工作队还对沐河的村集体收入和公共事业进行帮扶，改变村容村貌，建设美丽乡村。投入99万元财政资金入股连平农村信用社，村集体年收入可增加到20余万元以上。投入资金近300万元，改善村委会的办公条件、自来水改造工程、兴建沐河村文化广场、改造沐河小学校门围墙运动场、建设沐河村卫生站及村道安防监控等项目，使村容村貌发生了根本性的变化，社会主义新农村已初具规模。

村两委和驻村工作队表示，今后他们将在巩固脱贫攻坚工作的基础上，为打好接下来的精准脱贫攻坚战做好准备，以更加精细的工作，深化精准帮扶，全面打赢打好脱贫攻坚战，为实施乡村振兴战略打好基础。

我们坚信，沐河村的扶贫之路在不远的将来就可完成，沐河村民将会在乡村振兴的道路上自觉地跟上时代发展的步伐，走向胜利的彼岸。